乡村振兴政策与实践

◎ 李晋江 林永福 杨斯庆 主编

 中国农业科学技术出版社

图书在版编目(CIP)数据

乡村振兴政策与实践 / 李晋江，林永福，杨斯庆主编. -- 北京：中国农业科学技术出版社，2023.3
ISBN 978-7-5116-6214-9

Ⅰ.①乡… Ⅱ.①李…②林…③杨… Ⅲ.①农村-社会主义建设-政策-研究-中国 Ⅳ.①F320.3

中国国家版本馆 CIP 数据核字(2023)第 038818 号

责任编辑	姚 欢
责任校对	马广洋
责任印制	姜义伟 王思文

出 版 者	中国农业科学技术出版社 北京市中关村南大街 12 号　邮编：100081
电　　话	(010) 82106631 (编辑室)　(010) 82109702 (发行部) (010) 82109709 (读者服务部)
网　　址	https://castp.caas.cn
经 销 者	各地新华书店
印 刷 者	北京地大彩印有限公司
开　　本	140 mm×203 mm　1/32
印　　张	5.25
字　　数	130 千字
版　　次	2023 年 3 月第 1 版　2023 年 3 月第 1 次印刷
定　　价	35.00 元

◆ 版权所有·翻印必究 ◆

《乡村振兴政策与实践》
编委会

主　编：李晋江　林永福　杨斯庆

副主编：夏　杰　黄远太　宋　琼
　　　　李建华　殷利鑫　孙　浩
　　　　于海陆　田　雪　杨晓峰
　　　　石克斌　秦　群　伍华英

前　　言

实施乡村振兴战略，是党的十九大作出的重大决策部署。中共中央、国务院相继出台了《关于实施乡村振兴战略的意见》《乡村振兴战略规划（2018—2022年）》《关于全面推进乡村振兴加快农业农村现代化的意见》《关于做好2022年全面推进乡村振兴重点工作的意见》等指导性文件，对全面推进乡村振兴作出战略安排。党的二十大报告对"全面推进乡村振兴"作了系统部署，提出了不少新思想、新观点、新要求，为继续做好乡村振兴这篇大文章指明了方向、提供了遵循。

本书以党的二十大精神为指引，依据中共中央、国务院印发实施的最新政策，解读《中华人民共和国乡村振兴促进法》，立足现代农业发展和乡村全面振兴，遵循农民教育培训要求编写而成。本书共八章，分别为：乡村振兴战略概述、乡村产业振兴、乡村人才振兴、乡村文化振兴、乡村生态振兴、乡村组织振兴、乡村振兴战略的政策与实施、《中华人民共和国乡村振兴促进法》解读。每章末尾设置了"典型案例"栏目，供读者参考。

本书注重针对性、实用性和可读性，内容新颖、语言通俗，对学习和理解乡村振兴战略具有重要的指导作用。

由于时间仓促，水平有限，书中难免存在不足之处，欢迎广大读者批评指正！

目 录

第一章 乡村振兴战略概述 (1)
- 第一节 乡村振兴战略的背景及重要意义 (1)
- 第二节 乡村振兴战略的总体要求 (6)
- 第三节 乡村振兴战略的总体安排 (10)
- 典型案例 "三点支撑"打造乡村振兴示范区 (24)

第二章 乡村产业振兴 (26)
- 第一节 乡村产业的内涵和特征 (26)
- 第二节 乡村产业振兴的重点领域 (28)
- 第三节 乡村产业振兴的现实困境及实施路径 (34)
- 典型案例 肉牛产业让乡村振兴"畜"势勃发 (43)

第三章 乡村人才振兴 (46)
- 第一节 乡村人才的内涵和分类 (46)
- 第二节 乡村人才振兴的重点领域 (47)
- 第三节 乡村人才振兴的现实困境及实施路径 (55)
- 典型案例 青年英才成为甘肃乡村振兴的"生力军" (62)

第四章 乡村文化振兴 (64)
- 第一节 乡村文化的内涵和作用 (64)
- 第二节 乡村文化振兴的重点领域 (68)
- 第三节 乡村文化振兴的现实困境及实施路径 (73)
- 典型案例 激活文化活力 赋能乡村振兴 (77)

第五章　乡村生态振兴 ·· (82)
　　第一节　乡村生态振兴的内涵和作用 ························ (82)
　　第二节　乡村生态振兴的重点领域 ···························· (84)
　　第三节　乡村生态振兴的现实困境及实施路径 ············ (93)
　　典型案例　美丽宜居乡村"蜕变" ······························ (98)

第六章　乡村组织振兴 ··· (103)
　　第一节　乡村组织振兴的内涵和作用 ······················· (103)
　　第二节　乡村组织振兴的重点领域 ··························· (107)
　　第三节　乡村组织振兴的现实困境及实施路径 ··········· (110)
　　典型案例　"党建+"为村集体经济注入"推进剂" ··· (114)

第七章　乡村振兴战略的政策支撑与实施 ······················· (116)
　　第一节　乡村振兴战略的政策支撑 ··························· (116)
　　第二节　乡村振兴战略的实施步骤 ··························· (126)
　　典型案例　创新设立"乡村运营官"　构建"三大体系"
　　　　　　　赋能乡村振兴 ··· (129)

第八章　《中华人民共和国乡村振兴促进法》解读 ········· (132)
　　第一节　《乡村振兴促进法》出台背景和意义 ··········· (132)
　　第二节　《乡村振兴促进法》的主要内容 ·················· (135)
　　第三节　《乡村振兴促进法》的落实举措 ·················· (153)
　　典型案例　探索乡村振兴新路径　续写乡村振兴
　　　　　　　新篇章 ·· (155)

参考文献 ··· (157)

第一章 乡村振兴战略概述

第一节 乡村振兴战略的背景及重要意义

乡村振兴战略是习近平同志2017年10月18日在党的十九大报告中提出的。党的十九大报告指出，农业农村农民问题是关系国计民生的根本性问题，必须始终把解决好"三农"问题作为全党工作的重中之重，实施乡村振兴战略。党的二十大报告进一步提出要"全面推进乡村振兴"，并作出决策部署，为继续做好乡村振兴这篇大文章指明了方向、提供了遵循。

一、乡村振兴战略的背景

以习近平同志为核心的党中央提出"实施乡村振兴战略"这一部署，有其深刻的历史背景和现实依据。

（一）现实背景

自改革开放之后，"三农"一直是党和国家的重点工作对象。自2004年起，每年中央一号文件都讲述了"三农"问题。党的十八大召开以后，习近平作为党中央领导集体，在很多重要场合与会议中提及农业部门，足以见得现阶段我国对于乡村农业的重视。习近平总书记更是把农民的利益当作最重要的事情，一直关心"三农"的问题，并且心系乡村农业事业的发展。

在我们国家的不断努力下，我国农业部门取得了很好的成绩。首先，我们改变了以往的农业生产方式，引进了先进的农业技术，增加了农产品产量的同时提高了农产品质量，并且培育出具有代表性的农产品，在整个世界上都享有名气。其次，我们改变以往单一的农产品结构，在农作物生产上仍然以农作物为主，以多样化的经济作物为辅，这一改变帮助农民提高了自身收益。最后，在新农村建设方面我们也取得了很大的成就，随着农业的发展，使农民基本实现了小康生活，更加注重精神文明建设，创建美丽乡村。

但是同时也要看到，受经济与观念两方面的影响，我国"三农"工作还存在着很多亟待解决的问题：首先，农业生产方式不先进，部分土地还没有得到正确的利用，农业与自然资源之间还存在矛盾，农产品的营销方式落后，农产品的运营机制也较为单一；其次，各个区域农村收入不均衡，存在较大差异，农村老人与儿童较多，缺少青年力量；最后，农村陈旧观念仍然存在，阻碍了新农村建设的发展。

中央在这个时候提出实施乡村振兴战略，实际上是在提醒我们：在现代化的进程中不能忽视农业、不能忘记农民、不能淡泊农村，必须下大力气提高"三农"发展水平。

(二) 理论背景

不管在哪个历史时期，党和国家从来都十分重视农业、农村、农民发展。我国的"三农"思想，也是经历了各届领导集体的不断丰富和完善，才慢慢形成和发展起来的。毛泽东同志在新中国成立以后，深入地研究了"三农"，在《论十大关系》中，强调了农业的重要性，并且指导农民走上农业合作化道路。邓小平同志充分肯定家庭联产承包责任制是农业的一个创新，符合原则，而且他坚持一切都从实际出发，按照我国国情，带领大家走向中国特色农业现代化道路。江泽民同志也把农业看得非常重要，提出要统筹城乡发展，为新农村建设提供制度保障，始终维护农民群众的利益。胡锦涛同志坚持用科学发展观来指引"三农"的发展方向，并且提出了"两个趋向"的重要论断。习近平同志高度重视农业农村农民工作，对做好"三农"工作提出了许多新思想、新理念、新论断。这些重要论述着眼我国经济社会发展大局，深刻阐明了"三农"工作的战略地位、发展规律、形势任务、方法举措。

二、乡村振兴战略的重要意义

（一）解决发展不平衡不充分矛盾的迫切要求

中国特色社会主义进入新时代，明确了我国发展新的历史方位。新时代，伴随社会主要矛盾的转化，对经济社会发展提出更高要求。新时代我国社会主要矛盾已经转化为人民日益增长的美好生活需要和不平衡不充分的发展之间的矛盾。改革开放以来，随着工业化的快速发展和城市化的深入推进，我国城乡出现分化，农村发展也出现分化，目前最大的不平衡是城乡之间发展的不平衡和农村内部发展的不平衡，最大的不充分是"三农"发展的不充分，包括农业现代化发展的不充分，社会主义新农村建设的不充分，农民群体提高教科文卫发展水平和共享现代社会发展成果的不充分等。从决胜全面建成小康社会，到基本实现社会主义现代化，再到建成社会主义现代化强国，解决这一新的社会主要矛盾需要实施乡村振兴战略。

（二）解决市场经济体系运行矛盾的重要抓手

改革开放以来，我国始终坚持市场经济改革方向，市场在资源配置中发挥越来越重要的作用，提高了社会稀缺资源配置效率，促进了生产力发展水平大幅提高，社会劳动分工越来越深、越来越细。随着市场经济深入发展，需要考虑市场体制运行所内含的生产过剩矛盾以及经济危机等问题，需要不断扩大稀缺资源配置的空间和范围。解决问题的途径是实行国际国内两手抓，一方面坚持对外实行开放经济战略、推动形成对外开放新格局，包括以"一带一路"建设为重点加强创新能力开放合作，拓展对外贸易、培育贸易新业态新模式、推进贸易强国建设，实行高水平的贸易和投资自由化便利化政策，创新对外投资方式、促进国际产能合作，加快培育国际经济合作和竞争新优势等；另一方面也需要把对内实施乡村振兴战略作为重要抓手，形成各有侧重和相互补充的长期经济稳定发展战略格局。由于国际形势复杂多变，相比之下，实施乡村振兴战略更加安全可控、更有可能做好和更有福利效果。

(三) 解决农业现代化的重要内容

经过多年持续不断的努力，我国农业农村发展取得重大成就，现代农业建设取得重大进展，粮食和主要农产品供求关系发生重大变化，大规模的农业剩余劳动力转移进城，农民收入持续增长，脱贫攻坚取得决定性进展，农村改革实现重大突破，农村各项建设全面推进，为实施乡村振兴战略提供了有利条件。与此同时，在实践中，由于历史原因，目前农业现代化发展、社会主义新农村建设和农民的教育科技文化发展存在很多突出问题迫切需要解决。面向未来，随着我国经济不断发展，城乡居民收入不断增长，广大市民和农民都对新时期农村的建设发展存在很多期待。把乡村振兴作为党和国家战略，统一思想，提高认识，明确目标，完善体制，搞好建设，加强领导和服务，不仅呼应了新时期全国城乡居民发展新期待，而且也将引领农业现代化发展和社会主义新农村建设以及农民教育科技文化进步。

(四) 健全现代社会治理格局的固本之策

社会治理的基础在基层，基础不牢，地动山摇。健全现代社会治理格局，推进国家治理体系和治理能力现代化，必须把抓基层、打基础作为固本之策。社会治理，薄弱环节在乡村。实施乡村振兴战略，加强农村基层基础工作，健全乡村治理体系，确保广大农民安居乐业、农村社会安定有序，有利于打造共建共治共享的现代社会治理格局，推进国家治理体系和治理能力现代化。

加强和改进乡村治理是乡村振兴的重要保障。一要加强组织领导，各级党委和政府要充分认识加强和改进乡村治理的重要意义，把乡村治理工作摆在重要位置，纳入经济社会发展总体规划和乡村振兴战略规划，开展乡村治理试点示范，及时研究解决工作中遇到的重大问题。二要建立协同推进机制。严格落实责任，加强部门联动，党委农村工作部门要发挥牵头抓总作用，强化统筹协调、具体指导和督促落实，对乡村治理工作情况开展督导，对乡村治理政策措施开展评估。三要强化各项保障。各级党委和政府要加强乡村治理人才队伍建设，充实基层治理力量，指导驻村第一书记、驻村干部等围绕乡村治理主要任务开展工作，聚合各类人力资源，引导农村致富能手、外出务工经商人员、高校毕业生、退役军人等在乡村治理中发挥积极作用。加强乡村社会治安综合治理设施装备保障，落实乡村治理经费。四要加强分类指导。各级党委和政府要结合本地实际，围绕加强和改进乡村治理的主要任务，分类确定落实举措。对于需要普遍执行和贯彻落实的政策措施，要加大工作力度，逐级压实责任，明确时间进度，尽快取得实效。对于需要继续探索的事项，要组织开展改革试点，勇于探索创新，及时总结一批可复制可推广的经验做法，加快在面上推广；对于鼓励提倡的做法，要有针对性地借鉴吸收，形成适合本地的乡村治理机制。乡村治理要走中国特色社会主义乡村善治之路，建设充满活力、和谐有序的乡村社会，不断增强广大农民的获得感、幸福感、安全感。

(五) 实现全体人民共同富裕的必然选择

党的二十大提出，我们要实现好、维护好、发展好最广大人民根本利益，紧紧抓住人民最关心最直接最现实的利益问题，坚持尽力而为、量力而行，深入群众、深入基层，采取更多惠民生、暖民心举措，着力解决好人民群众急难愁盼问题，健全基本公共服务体系，提高公共服务水平，增强均衡性和可及性，扎实推进共同富裕。乡村振兴，生活富裕是根本。实施乡村振兴战略，全面改善农村生产生活条件，促进社会公平正义，有利于增进农民福祉，让亿万农民走上共同富裕的道路。

第二节 乡村振兴战略的总体要求

乡村振兴战略的总体要求包括指导思想、基本原则和目标任务。

一、指导思想

实施乡村振兴战略，必须要有科学先进的思想和理论作为指导。习近平新时代中国特色社会主义思想，是马克思主义中国化的最新成果，是立足时代之基、回答时代之问的科学理论，是被实践证明了的科学真理，是党和国家必须长期坚持的指导思想。习近平总书记关于"三农"工作的重要论述，是他在长期的农村工作实践和政治生涯中形成的，是基于中国"三农"实际的经验总结和理论概括，是习近平新时代中国特色社会主义思想的重要组成部分。

全面实施乡村振兴战略，必须坚持以习近平新时代中国特色社会主义思想为指导，特别是以习近平总书记关于"三农"工作的重要论述为指导。要紧紧围绕统筹推进"五位一体"总体布局和协调推进"四个全面"战略布局,加强党对"三农"工作的领导,坚持把解决好"三农"问题作为全党工作重中之重,坚持农业农村优先发展,坚持稳中求进的工作总基调,按照"产业兴旺、生态宜居、乡风文明、治理有效、生活富裕"的总要求,建立健全城乡融合发展体制机制和政策体系,统筹推进农村经济建设、政治建设、文化建设、社会建设、生态文明建设和党的建设,加快推进乡村治理体系和治理能力现代化,加快推进农业农村现代化,走中国特色社会主义乡村振兴道路,让农业成为有奔头的产业,让农民成为有吸引力的职业,让农村成为安居乐业的美丽家园。

二、基本原则

基本原则就是说话或行事所依据的基本法则。实施乡村振兴战略必须坚持基本原则,这是确保乡村振兴战略在实施过程中不跑偏、不走样、有效果的根本。

(一) 坚持党管农村工作

党政军民学,东西南北中,党是领导一切的。中国共产党是中国特色社会主义事业的坚强领导核心,是最高政治领导力量,各个领域、各个方面都必须坚定自觉坚持党的领导。实现乡村振兴,关键在党。要毫不动摇地坚持和加强党对农村工作的领导,健全党管理农村工作的领导体制机制和党内法规,确保党在农村工作中始终总揽全局、协调各方,为乡村振兴提供坚强有力的政治保障。

(二) 坚持农业农村优先发展

"三农"问题是关系国计民生的根本问题,它贯穿我国现代化建设和实现中华民族伟大复兴进程的始终,是全党工作的重中之重,坚持农业农村优先发展是根本体现。要把实现乡村振兴作为全党的共同意志、共同行动，做到认识统一、步调一致，在干部配备上优先考虑，在要素配置上优先满足，在资金投入上优先保障，在公共服务上优先安排，加快补齐农业农村短板。

（三）坚持农民主体地位

乡村要发展，根本要靠亿万农民。农民才是乡村振兴最主要的参与者。坚持农民主体地位，必须充分尊重农民意愿，切实发挥农民在乡村振兴中的主体作用，调动亿万农民的积极性、主动性、创造性，把维护农民群众根本利益、促进农民共同富裕作为出发点和落脚点，促进农民持续增收，不断提升农民的获得感、幸福感、安全感。

（四）坚持乡村全面振兴

乡村振兴是全面的振兴，包括农民、农业和农村，不是单方面的振兴，不是解决某一具体问题。要准确把握乡村振兴的科学内涵，挖掘乡村多种功能和价值，统筹谋划农村经济建设、政治建设、文化建设、社会建设、生态文明建设和党的建设，注重协同性、关联性，整体部署，协调推进。

（五）坚持城乡融合发展

城和乡是相对的、互补的，各有应有的功能，城离不开乡，乡也离不开城。城乡融合发展，是实现乡村振兴的基本路径。坚持城乡融合发展，必须破除城乡之间的体制机制弊端，使市场在资源配置中起决定性作用，更好地发挥政府作用，推动城乡要素自由流动、平等交换，推动新型工业化、信息化、城镇化、农业现代化同步发展，加快形成工农互促、城乡互补、全面融合、共同繁荣的新型工农城乡关系。

（六）坚持人与自然和谐共生

自然是生命之母，人与自然是生命共同体，乡村是具有自然、社会、经济特征的地域综合体，兼具生态、文化等多重功能。乡村振兴离不开良好的生态环境，要牢固树立和践行绿水青山就是金山银山的理念，落实节约优先、保护优先、以自然恢复为主的方针，统筹山水林田湖草系统治理，严守生态保护红线，以绿色发展引领乡村振兴。

（七）坚持改革创新、激发活力

不断深化农村改革，扩大农业对外开放，激活主体、激活要素、激活市场，调动各方力量投身乡村振兴。以科技创新引领和支撑乡村振兴，以人才汇聚推动和保障乡村振兴，增强农业农村自我发展动力。

（八）坚持因地制宜、循序渐进

我国农村地域广阔、类型复杂，实施乡村振兴战略，一定要走符合农村实际的路子，遵循乡村发展规律，因地制宜、因势利导，保留乡村特色风貌。乡村振兴是一个长期的过程，必须一步一个脚印，踏踏实实、循序渐进。科学把握乡村的差异性和发展走势分化特征，做好顶层设计，注重规划先行、因势利导、分类施策、突出重点、体现特色、丰富多彩。既尽力而为，又量力而行，不搞层层加码，不搞一刀切，不搞形式主义和形象工程，久久为功，扎实推进。

三、目标任务

实施乡村振兴战略有明确的目标任务和时间表。

（一）近期目标

到2020年，乡村振兴的制度框架和政策体系基本形成，各地区各部门乡村振兴的思路举措得以确立，全面建成小康社会的目标如期实现。

到2022年，乡村振兴的制度框架和政策体系初步健全。国家粮食安全保障水平进一步提高，现代农业体系初步构建，农业

乡村振兴政策与实践

绿色发展全面推进;农村一二三产业融合发展格局初步形成,乡村产业加快发展,农民收入水平进一步提高,脱贫攻坚成果得到进一步巩固;农村基础设施条件持续改善,城乡统一的社会保障制度体系基本建立;农村人居环境显著改善,生态宜居的美丽乡村建设扎实推进;城乡融合发展体制机制初步建立。农村基本公共服务水平进一步提升;乡村优秀传统文化得以传承和发展,农民精神文化生活需求基本得到满足;以党组织为核心的农村基层组织建设明显加强,乡村治理能力进一步提升。现代乡村治理体系初步构建。探索形成一批各具特色的乡村振兴模式和经验,乡村振兴取得阶段性成果。

(二)远景谋划

到2035年,乡村振兴取得决定性进展,农业农村现代化基本实现。农业结构得到根本性改善,农民就业质量显著提高,相对贫困进一步缓解,共同富裕迈出坚实步伐;城乡基本公共服务均等化基本实现,城乡融合发展体制机制更加完善;乡风文明达到新高度,乡村治理体系更加完善;农村生态环境根本好转,生态宜居的美丽乡村基本实现。

到2050年,乡村全面振兴,农业强、农村美、农民富全面实现。

第三节　乡村振兴战略的总体安排

乡村振兴战略的总体安排包括总目标、总方针、总要求和制度保障。

一、乡村振兴战略的总目标

乡村振兴战略的总目标是农业农村现代化。新时代"三农"

工作必须围绕农业农村现代化这个总目标来推进。

(一)实现农业现代化

农业是全面建成小康社会、实现现代化的基础,是稳民心、安天下的战略产业。农业的根本出路在于现代化,农业现代化是我国现代化的基础和支撑,也是我国农业发展的方向。

实现农业现代化,是我国农业发展的重要目标。当前,我国农业主要矛盾已经由总量不足转变为结构性矛盾,主要表现为阶段性、结构性的供过于求和供给不足并存。推动农业现代化,就是要坚持质量兴农、品牌强农,深化农业供给侧结构性改革,推动农业发展质量变革、效率变革、动力变革,加快实现由农业大国向农业强国转变。到2035年,农业结构得到根本性改善;到2050年,"农业强"目标实现,农业全面升级,成为有奔头的产业。

实现农业现代化,需要加快构建现代农业产业体系、生产体系、经营体系。现代农业产业体系是产业横向拓展和纵向延伸的有机统一,重点解决农业资源要素配置和农产品供给效率问题,是现代农业整体素质和竞争力的显著标志。构建现代农业产业体系,就是通过优化调整农业结构,充分发挥各地资源比较优势,促进粮经饲统筹、农牧渔结合、种养加一体、一二三产业融合发展,延长产业链、提升价值链,提高农业的经济效益、生态效益和社会效益,促进农业产业转型升级。现代农业生产体系是先进生产手段和生产技术的有机结合,重点解决农业的发展动力和生产效率问题,是现代农业生产力发展水平的显著标志。构建现代农业生产体系,就是用现代物质装备武装农业,用现代科学技术服务农业,用现代生产方式改造农业,转变农业要素投入方式,推进农业发展从拼资源、高消耗转到依靠科技创新和提高劳动者素质上来,提高农业资源利用率、土地产出率和劳动生产率,增强农业综合生产能力和抗风险能力,从根本上改变农业发展依靠人力畜力、"靠天吃饭"的局面。现代农业经营体系是现代农业经营主体、组织方式、服务模式的有机组合,重点是解决"谁来种地"和经营效益问题,是现代农业组织化程度的显著标志。构建现代农业经营体系,就是加大体制机制创新力度,培育规模化经营主体和服务主体,加快构建职业农民队伍,形成一支高素质农业生产经营者队伍,促进不同主体之间的联合与合作,发展多种形式的适度规模经营,提高农业经营集约化、组织化、规模化、社会化、产业化水平。

(二)建设现代化农村

农村现代化既包括"物"的现代化,也包括"人"的现代化,还包括乡村治理体系和治理能力的现代化。我们要坚持农业现代化和农村现代化一体设计、一并推进,实现农业大国向农业强国跨越。

农业现代化和农村现代化是一个整体,必须统筹推进农业现代化和农村现代化。农业现代化是农村现代化的基础,为农村现代化提供产业基础和物质保障;农村现代化是农业现代化的依托,是集聚劳动力、土地、资金等实现农业现代化所必需要素的空间载体。仅有农业现代化水平的提升,缺乏农村现代化的支撑,或者农村现代化严重滞后于农业现代化,都容易导致大量农民被迫离开土地和家乡无序涌入城市,乡村和乡村经济走向凋敝,工业化和城镇化走入困境,产生城市贫民窟和两极分化等社会问题,甚至造成社会动荡。

建设现代化农村,就是按照抓重点、补短板、强弱项的要求,推进乡村绿色发展、打造人与自然和谐共生发展新格局,繁荣兴盛农村文化、焕发乡风文明新气象,加强农村基层基础工作、构建乡村治理新体系,提高农村民生保障水平、塑造美丽乡村新风貌,让农村既充满活力又和谐有序,不断满足广大农民群众日益增长的美好生活需要。到 2035 年,城乡基本公共服务均等化基本实现,乡风文明达到新高度,乡村治理体系更加完善,农村生态环境根本好转,美丽宜居乡村基本实现;到 2050 年,"农村美"目标实现,农村全面进步,成为安居乐业的美丽家园。

(三) 培育高素质农民

现代农业要有高素质的农民队伍、高素质的农业种养人才和经营管理人才,这是现代农业的前提和基础,也是发展现代农业的关键和要求。随着工业化、城镇化的快速发展,越来越多的农村劳动力特别是青壮年劳动力转移到农业农村以外就业,农村劳动力老龄化、受教育程度低的现象越发明显。

培育高素质农民,需要以促进现代农业高质量发展为导向,以提升农民理念知识技能需求为核心,以提高培育质量效能为关键,瞄准经营管理型、专业生产型和技能服务型三大类型,加快形成和完善促进高素质农民全面发展的政策体系,推进农民培训提质增效、促进高素质农民学历提升、拓展高素质农民发展路径,加快培养有文化、懂技术、善经营、会管理的高素质农民,让他们能够获得稳定的、不断增长的收入,得到平等的社会保障,赢得应有的尊严和尊重。到 2035 年,农民就业质量显著提高,相对贫困进一步缓解,共同富裕迈出坚实步伐;到 2050 年,"农民富"目标实现,农民全面发展,成为有吸引力的职业。

二、乡村振兴战略的总方针

乡村振兴战略的总方针是坚持农业农村优先发展。坚持农业农村优先发展,是党中央从解决城乡发展不平衡、乡村发展不充分矛盾出发提出的重大方针,体现了党中央对工农城乡关系深刻变化的科学把握，彰显了农业农村的战略定位。

（一）在干部配备上优先考虑

实施乡村振兴战略，迫切需要造就一支懂农业、爱农村、爱农民的农村工作队伍。党管农村，是做好"三农"工作的重要政治优势。坚持农业农村优先发展，必须全面加强党对"三农"工作的集中统一领导，特别是在干部配备上优先考虑"三农"事业需要。这就要求各级党委和政府主要领导干部要懂"三农"工作、会抓"三农"工作，分管领导要真正成为"三农"工作的行家里手，通过选优配强"三农"干部队伍，造就一支懂农业、爱农村、爱农民的农村工作队伍。打硬仗要有过硬的干部队伍，要优先把优秀干部充实到"三农"战线，优先把精锐力量充实到基层，优先把熟悉"三农"工作的干部充实到地方各级党政班子，建立健全"三农"工作干部队伍培养、配备、管理、使用机制，打造一支能打硬仗、敢打硬仗的"三农"干部队伍。

（二）在要素配置上优先满足

当前，城乡要素合理流动的体制机制尚未完全建立，渠道尚未完全打通，要素不平等交换问题较为突出，农村人才、资金和土地还在大量流入城市，城市虹吸效应进一步扩大，农业农村"失血""贫血"问题仍很严重。坚持农业农村优先发展，必须强化要素配置制度供给和政策设计，破除阻碍要素自由流动、平等交换的体制机制壁垒，改变资源要素向城市单向流动格局，构建城乡互补、全面融合、共享共赢的互利互惠机制，让土地、人才、资金、技术、科技等各类发展要素更多流向农业农村，释放农村的巨大发展潜力。

现阶段，只有引导和支持各类发展要素向农业农村流动，才能释放农村的巨大发展潜力，激活"三农"这片蓝海。针对农村土地"自己用不上、用不好"的困局，在坚守耕地红线、生态红线的前提下，完善农村土地利用管理政策，盘活存量，用好流量，辅以增量，激活农村土地资源资产，破解乡村发展用地难题。针对当前农村人才匮乏等问题，实行更加积极、更加开放、更加有效的人才政策，推动乡村人才振兴，让各类人才在乡村大施所能、大展才华、大显身手。针对农业科技创新能力不强、创新机制不完善等问题，加快农业科技进步，提高农业科技自主创新水平、成果转化水平，为农业发展拓展新空间、增添新动能。改革是发展的不竭动力，实践证明，深化农村改革是激发农业农村发展活力的重要推动力。

(三) 在资金投入上优先保障

乡村振兴是党和国家的大战略，要加大真金白银的投入。将优先发展真正落到实处，补上我国农业农村发展多年的欠账，急需强化乡村振兴投入保障。

在财政投入方面，建立健全实施乡村振兴战略财政投入保障制度，公共财政更大力度向"三农"倾斜，确保财政投入持续增长。在拓宽资金筹集渠道方面，调整完善土地出让收入使用范围，进一步提高农业农村投入比例。在提高金融服务水平方面，坚持农村金融改革发展的正确方向，健全适合农业农村特点的农村金融体系，推动农村金融机构回归本源，把更多金融资源配置到农村经济社会发展的重点领域和薄弱环节，更好满足乡村振兴多样化金融需求。

(四) 在公共服务上优先安排

城乡差距大，主要表现在城乡基础设施建设和公共服务水平存在较大差距。这既是农业农村发展必须优先补齐的突出短板，也是农村民生的主要痛点，直接影响广大农民群众的获得感、幸福感、安全感。

坚持农业农村优先发展，就是把公共基础设施建设的重点放在农村，推动公共服务资源更多向农村倾斜，持续改善水、电、路、气、网络、物流等基础条件，逐步实现城乡基础设施共建共享、互联互通，全面提升农村教育、医疗卫生、养老社保、文化体育等公共服务水平，努力推进城乡基本公共服务标准统一、制度并轨，实现形式上的普惠向实质上的公平转变，让农民在农村享受到优质的公共服务资源。

三、乡村振兴战略的总要求

乡村振兴战略的总要求是以产业兴旺为重点、生态宜居为关键、乡风文明为保障、治理有效为基础、生活富裕为根本。

（一）以产业兴旺为重点

产业兴旺是乡村振兴的重点。新时代推动农业农村发展的核心是实现农村产业发展。农村产业发展是农村实现可持续发展的内在要求。从中国农村产业发展历程来看，过去一段时期内主要强调生产发展，而且主要是强调农业生产发展，其主要目标是解决农民的温饱问题，进而推动农民生活向小康迈进。从生产发展到产业兴旺，这一提法的转变意味着新时代党的农业农村政策体系更加聚焦和务实，主要目标是实现农业农村现代化。产业兴旺要求从过去单纯追求产量向追求质量转变、从粗放型经营向精细型经营转变、从不可持续发展向可持续发展转变、从低端供给向高端供给转变。城乡融合发展的关键步骤是农村产业融合发展。产业兴旺不仅要实现农业发展，还要丰富农村发展业态，促进农村一二三产业融合发展，更加突出以推进供给侧结构性改革为主线，提升供给质量和效益，推动农业农村发展提质增效，更好地实现农业增产、农村增值、农民增收，打破农村与城市之间的壁垒。农民生活富裕前提是产业兴旺，而农民富裕、产业兴旺又是乡风文明和有效治理的基础，只有产业兴旺、农民富裕、乡风文明、治理有效有机统一起来才能真正提高生态宜居水平。党的十九大将产业兴旺作为实施乡村振兴战略的第一要求。党的二十大指出，发展乡村特色产业，拓宽农民增收致富渠道。这都充分说明了农村产业发展的重要性。当前，我国农村产业发展还面临区域特色和整体优势不足、产业布局缺少整体规划、产业结构较为单一、产业市场竞争力不强、效益增长空间较为狭小与发展的稳定性较差等问题，实施乡村振兴战略必须要紧紧抓住产业兴旺这个核心，作为优先方向和实践突破点，真正打通农村产业发展的"最后一公里"，为农业农村实现现代化奠定坚实的物质基础。

（二）以生态宜居为关键

生态宜居是乡村振兴的关键。习近平同志在党的二十大报告中指出，统筹乡村基础设施和公共服务布局，建设宜居宜业和美乡村。乡村振兴战略提出要建设生态宜居的美丽乡村，突出了新时代重视生态文明建设与人民日益增长的美好生活需要的内在联系。乡村生态宜居不再是简单强调单一化生产场域内的"村容整洁"，而是对"生产、生活、生态"为一体的内生性低碳经济发展方式的乡村探索。生态宜居的内核是倡导绿色发展，是以低碳、可持续为核心，是对"生产场域、生活家园、生态环境"为一体的复合型"村镇化"道路的实践打造和路径示范。绿水青山就是金山银山。乡村产业兴旺本身就蕴含着生态底色，通过建设生态宜居家园实现物质财富创造与生态文明建设互融互通，走出一条中国特色的乡村绿色可持续发展道路，在此基础上真正实现更高品质的生活富裕。同时，生态文明也是乡风文明的重要组成部分，乡风文明内涵则是对生态文明建设的基本要求。此外，实现乡村生态的良好治理是实现乡村有效治理的重要内容，治理有效必然包含着有效的乡村生态治理体制机制。从这个意义而言，打造生态宜居的美丽乡村必须要把乡村生态文明建设作为关键性工程扎实推进，让美丽乡村看得见未来，留得住乡愁。

(三) 以乡风文明为保障

乡风文明是乡村振兴的保障。文明中国根在文明乡风，文明中国要靠乡风文明。乡村振兴想要实现新发展、彰显新气象，传承和培育文明乡风是关键。乡土社会是中华民族优秀传统文化的主要阵地，传承和弘扬中华民族优秀传统文化必须要注重培育和传承文明乡风。乡风文明是乡村文化建设和乡村精神文明建设的基本目标，培育文明乡风是乡村文化建设和乡村精神文明建设的主要内容。乡风文明的基础是重视家庭建设、家庭教育和家风家训培育。家庭和睦则社会安定，家庭幸福则社会祥和，家庭文明则社会文明；良好的家庭教育能够授知识、育品德，提高精神境界、培育文明风尚；优良的家风家训能够弘扬真善美、抑制假恶丑，营造崇德向善、见贤思齐的社会氛围。积极倡导和践行文明乡风能够有效净化和涵养社会风气，培育乡村德治土壤，推动乡村有效治理；能够推动乡村生态文明建设，建设生态宜居家园；能够凝人心、聚人气，营造干事创业的社会氛围，助力乡村产业发展；能够丰富农民群众文化生活，汇聚精神财富，实现精神生活上的富裕。实现乡风文明要大力实施农村优秀传统文化保护工程，深入研究阐释农村优秀传统文化的历史渊源、发展脉络、基本走向；要健全和完善家教家风家训建设工作机制，挖掘民间蕴藏的丰富家风家训资源，让好家风好家训内化为农民群众的行动遵循；要建立传承弘扬优良家风家训的长效机制，积极推动家风家训进校园、进课堂活动，编写优良家风家训通识读本，积极创作反映优良家风家训的优秀文艺作品，真正把文明乡风建设落到实处，落到细处。

(四) 以治理有效为基础

治理有效是乡村振兴的基础。实现乡村有效治理是推动农村稳定发展的基础。乡村治理有效才能真正为产业兴旺、生态宜居、乡风文明和生活富裕提供秩序支持，乡村振兴才能有序推进。新时代乡村治理的明显特征是强调国家与社会之间的有效整合，盘活乡村治理的存量资源，用好乡村治理的增量资源，以有效性作为乡村治理的基本价值导向，平衡村民自治实施以来乡村社会面临的冲突和分化。也就是说，围绕实现有效治理这个最大目标，乡村治理技术手段可以更加多元、开放和包容。只要有益于推动实现乡村有效治理的资源都可以充分地整合利用，而不再简单强调乡村治理技术手段问题，而忽视对治理绩效的追求和乡村社会的秩序均衡。党的十九大报告提出，要健全自治、法治、德治相结合的乡村治理体系。这不仅是实现乡村治理有效的内在要求，也是实施乡村振兴战略的重要组成部分。这充分体现了乡村治理过程中国家与社会之间的有效整合，既要盘活村民自治实施以来乡村积淀的现代治理资源，又毫不动摇地坚持依法治村的底线思维，还要用好乡村社会历久不衰、传承至今的治理密钥，推动形成相辅相成、互为补充、多元并蓄的乡村治理格局。从民主管理到治理有效，这一定位的转变，既是国家治理体系和治理能力现代化的客观要求，也是实施乡村振兴战略，推动农业农村现代化进程的内在要求。而乡村治理有效的关键是健全和完善自治、法治、德治的耦合机制，让乡村自治、法治与德治深度融合、高效契合。例如，积极探索和创新乡村社会制度内嵌机制，将村民自治制度、国家法律法规内嵌于村规民约、乡风民俗中，通过乡村自治、法治和德治的有效耦合，推动乡村社会实现有效治理。

（五）以生活富裕为根本

生活富裕是乡村振兴的根本。生活富裕的本质要求是共同富裕。改革开放40多年来，经过全党全国各族人民持续奋斗，我们实现了第一个百年奋斗目标，在中华大地上全面建成了小康社会，历史性地解决了绝对贫困问题。尽管农村经济社会发生了历史性巨变，农民的温饱问题得到解决，但是，广大农村地区发展不平衡不充分的问题也日益凸显，积极回应农民对美好生活的诉求必须要直面和解决这一问题。生活富裕不富裕，对于农民而言有着切身感受。长期以来，农村地区发展不平衡不充分的问题无形之中让农民感受到了一种"被剥夺感"，农民的获得感和幸福感也随之呈现出"边际现象"，也就是说，简单地靠存量增长已经不能有效提升农民的获得感和幸福感。生活富裕相较于生活宽裕而言，虽只有一字之差，但其内涵和要求却发生了非常大的变化。生活宽裕的目标指向主要是解决农民的温饱问题，进而使农民的生活水平基本达到小康，而实现农民生活宽裕主要依靠的是农村存量发展。生活富裕的目标指向则是农民的现代化问题，是要切实提高农民的获得感和幸福感，消除农民的"被剥夺感"，而这也使得生活富裕具有共同富裕的内在特征。如何实现农民生活富裕？显然，靠农村存量发展已不具有可能性。有效激活农村增量发展空间是解决农民生活富裕的关键。而乡村振兴战略提出的产业兴旺则为农村增量发展指明了方向。

四、乡村振兴战略的制度保障

乡村振兴战略的制度保障是建立健全城乡融合发展体制机制和政策体系。在现代化进程中，如何处理好工农关系、城乡关系，在一定程度上决定着现代化的成败。推进乡村全面振兴，核心是重塑工农城乡关系，扭转长期以来"重工轻农、重城轻乡"的思维定式，打破城乡二元分割的体制藩篱，实现以工促农、以城带乡。建立向农村倾斜的城乡融合发展体制机制就是以改革为动力，以协调推进乡村振兴战略和新型城镇化战略为抓手，以缩小城乡发展差距和居民生活水平差距为目标，以完善产权制度和要素市场化配置为重点，坚决破除体制机制弊端，促进城乡要素自由流动、平等交换和公共资源合理配置，加快形成工农互促、城乡互补、全面融合、共同繁荣的新型工农城乡关系。

（一）推动城乡要素合理配置

建立健全有利于城乡人才、土地、资本等要素合理配置的体制机制，既是提高经济效率、提升全员劳动生产率、降低交易成本的关键制度，又是提高社会运行效率、降低社会成本的重要制度。当前，城乡要素流动仍然存在障碍，城乡二元的户籍壁垒没有根本消除，城乡统一的建设用地市场尚未建立，城乡金融资源配置严重失衡，导致人才、土地、资金等要素更多地流向城市，农村发展缺乏要素支撑。必须破除妨碍城乡要素自由流动和平等交换的体制机制壁垒，促进各类要素更多向乡村流动，在乡村形成人才、土地、资金、产业、信息汇聚的良性循环，为乡村振兴注入新动能。

推动城乡要素合理配置，重点是从农业转移人口市民化、城市人才入乡、农村承包地制度、农村宅基地制度、集体经营性建设用地入市制度、财政投入保障、乡村金融服务、工商资本入乡、科技成果入乡转化等方面着手，建立健全相关体制机制，打开城乡要素自由流动和平等交换的渠道。

（二）推动城乡基本公共服务普惠共享

近年来，城乡一体的义务教育经费保障机制、居民基本养老保险、基本医疗保险、大病保险制度逐步建立，城乡基本公共服务朝着制度接轨、质量均衡、水平均等的方向迈出了一大步。针对农村公共服务欠账仍然较多这一乡村发展的突出问题，实现城乡融合发展必须加快补上这个短板。这就要求围绕教育资源、医疗卫生、公共文化、社会保障等核心内容，健全全民覆盖、普惠共享、城乡一体的基本公共服务体系，推进城乡基本公共服务的标准统一、制度并轨。

推动城乡基本公共服务普惠共享，关键是建立城乡教育资源均衡配置机制，实现优质教育资源在城乡间共享；健全乡村医疗卫生服务体系，促进优质医疗资源在城乡间共享；健全城乡公共文化服务体系，推动服务项目与居民需求有效对接，促进公共文化服务社会化发展；完善城乡统一的社会保险制度和居民基本医疗保险、大病保险、基本养老保险制度；统筹城乡社会救助体系，推进低保制度的城乡统筹。

(三) 推动城乡基础设施一体化发展

近年来，我国城乡一体化基础设施建设取得显著成效，城乡基础设施统筹规划和多元投入机制正在探索并逐步完善，城市、小城镇和乡村基础设施的互联互通程度正在提高，农民生产生活条件得到很大改善，但与城市相比仍然相当落后。把公共基础设施建设的重点放在乡村，改变乡村基础设施滞后现象，必须坚持先建机制、后建工程，推动乡村基础设施提档升级，加快实现城乡基础设施的统一规划、统一建设、统一管护。

建立城乡基础设施一体化规划机制。这是基础设施统一发展的前提。以县或市为整体，统筹规划城乡的道路、供水、供电、信息基础设施、广播电视、防洪、垃圾污水等基础设施建设，重点推动城乡路网的一体规划设计，畅通城乡交通运输连接，加快实现县乡村（户）道路连通、城乡道路客运一体化。

健全城乡基础设施一体化建设机制。明确乡村基础设施公共产品的定位，构建事权清晰、权责一致、中央支持、省级统筹、市县负责的机制。

建立城乡基础设施一体化管护机制。由于乡村分散化的特点，基础设施建成以后的长期运营和养护成本相对比较高，这也是长期以来工作的一个难点。解决这个问题应运用市场化手段，明确乡村基础设施的产权归属，由产权所有者建立管护制度，合理确定城乡基础设施统一管护运行模式。

(四) 推动城乡经济互补发展

要把工业和农业、城市和乡村作为一个整体统筹谋划，促进城乡在规划布局、要素配置、产业发展、公共服务、生态保护等方面相互融合和共同发展。乡村经济的发展方向，是以现代农业为基础，以农村一二三产业融合发展为主体，休闲农业和乡村旅游等新产业新业态为重要补充。当前，我国城乡产业发展水平差异较大，在不少地区，城市先进制造业和现代服务业发展迅速，但乡村仍以传统农业为主。要围绕发展现代农业、培育新产业新业态、完善农企利益紧密联结机制，实现乡村经济的多元化和农业全产业链发展。实现这一目标，城乡之间要产业协同，核心是要用城市的科技，特别是与农业相关的科学技术来改造乡村的传统农业，用城市的工业来延长农业的产业链条，用城市的互联网产业等服务业来丰富农村的产业业态。

推动城乡经济互补发展，重点是完善农业支持保护制度，建立新产业新业态培育机制；探索生态产品价值实现机制，建立政府主导、企业和社会各界参与、市场化运作、可持续的城乡生态产品价值实现机制；建立乡村文化保护利用机制，立足乡村文明，吸取城市文明及外来文化优秀成果，推动乡村优秀传统文化创造性转化、创新性发展；搭建城乡产业协同发展平台，推动城乡要素跨界配置和产业有机融合；健全城乡统筹的规划制度，统筹推进产业发展和基础设施、公共服务等建设。

(五) 推动城乡居民收入均衡增长

"三农"问题的核心是农民问题，农民问题的核心是收入问题。虽然城乡居民收入比不断缩小，但农民持续增收依然面临着较大的挑战。完善农民增收长效机制，确保农民收入保持稳定增长势头，要落实以人民为中心的发展思想，稳定现有渠道，拓宽增收途径，促进农民收入持续增长，持续缩小城乡居民生活水平差距。

推动城乡居民收入均衡增长，关键在于完善促进农民工资性收入增长环境，健全农民经营性收入增长机制，建立农民财产性收入增长机制，强化农民转移性收入保障机制，以此强化统筹提高农民收入机制建设。此外，我国农业劳动生产率偏低，制约了农民增收。提高农业劳动生产率，重点是推动有能力在城镇稳定就业生活的农业转移人口市民化，减少乡村的剩余劳动力，使乡村劳动者拥有更多生产资料，进而推进适度规模经营、提升农业生产效率；构建以现代农业为基础、新产业新业态为补充的多元化乡村经济，推进农业机械化全程全面发展，健全乡村旅游和休闲农业等新业态，探索生态产品价值实现机制和文化保护利用机制，统筹提高乡村经济综合效益和农民收入。

典型案例 "三点支撑"打造乡村振兴示范区

近年来，河北省阜平县史家寨乡以"三点支撑"夯实产业发展基础，努力开拓一条产业带动群众致富的乡村振兴之路。

"红""绿"结合，乡村旅游展现新气象。史家寨乡是晋察冀边区、晋察冀军区司令部旧址所在地。该乡依托红色文化和良好的生态环境，打造"以红带绿，以绿托红"的开发模式，加强旧址保护利用，打造了河北省级爱国主义教育基地、国防教育基地和研学旅游示范基地，形成精品红色旅游路线。

科技运用，现代农业呈现高效率。河北光存生物科技有限公司经营的史家寨-柏崖智慧果园，是阜平县山地林果现代化智能化管理的代表。该果园种植面积5 350亩（1亩≈667米²）。其中彩票公益金投资的示范区在建1 650亩，建设了水肥一体化控制、自动灌溉感知监测、果树植保远程监测、产品检验检测与质量追溯、5G网络视频监测、果品物流销售管理服务等一系列智能管理系统。

"六统一分"，质量品牌叫响"老乡菇"。近年来，史家寨乡共发展食用菌种植园区7个，建成172个大棚。该乡推行"统一建棚、统一品种、统一制棒、统一技术、统一品牌、统一销售，分户栽培管理"的"六统一分"的生产管理模式，切实完善质量标准体系、提升品牌影响力、延伸产业附加值，实现了从设施、技术到产品销售和品牌使用的规范统一。

以扎实推进乡村旅游、智慧果园、稳效食用菌产业为代表，史家寨乡按照"种养结合、绿色循环、现代集约"的产业发展模式，秉承生态发展理念，打造集多项富民产业于一体的史家寨乡绿色循环农业示范区，涉及该乡凹里、史家寨、红土山3个行政村，占地面积约10万亩，覆盖人口3 419人。

资料来源：耿建扩，陈元秋．河北阜平史家寨乡："三点支撑"打造乡村振兴示范区．光明日报客户端，2022-03-03。

第二章 乡村产业振兴

第一节 乡村产业的内涵和特征

一、乡村产业的内涵

在国家乡村振兴战略全面实施的背景下,国务院于2019年6月17日发布乡村产业发展的纲领性文件《国务院关于促进乡村产业振兴的指导意见》,首次明确了乡村产业的内涵。

乡村产业是根植于县域,以农业农村资源为依托,以农民为主体,以一二三产业融合发展为路径,地域特色鲜明、创新创业活跃、业态类型丰富、利益联结紧密的产业体系。

乡村产业源于传统种养业和手工业,主要包括现代种养业、乡土特色产业、农产品加工流通业、乡村休闲旅游业、乡村新型服务业、乡村信息产业等,具有产业链延长、价值链提升、供应链健全以及农业功能充分发掘、乡村价值深度开发、乡村就业结构优化、农民增收渠道拓宽等一系列特征,是提升农业、繁荣农村、富裕农民的产业。

二、乡村产业的特征

(一)生产方式的多样性

结合我国各地乡村资源禀赋差异性较大的特征,乡村产业的外延更广。以因地制宜为原则,发展规模化、标准化的现代种养业的同时,又鼓励小宗类、多样性特色农产品及各类乡土资源的多功能拓展和价值转化。

(二) 城乡要素的流动性

针对我国城乡区域发展不平衡不充分的现状,乡村产业更强调城乡之间的要素流动。坚持以城带乡、以工促农,有序引导工商资本下乡,鼓励实用人才返乡入乡,用现代生产方式、信息技术改造提升农业,加快农业农村现代化步伐。

(三) 产业载体的集聚性

我国乡村产业更强调以县域经济为融合载体的产业相对集聚。通过"示范园""先导区"等平台聚集主导产业以及资金、科技、人才等要素,形成示范效应,加强利益连接,带动多元主体共同发展。

(四) 基础功能的保障性

应对国内外各种风险挑战,乡村产业注重提升粮食和重要农产品供给保障能力。坚持立足国内、办好自己的事,坚决稳住农业基本盘,以国内粮食稳产稳供的稳定性来应对外部环境的不确定性。

(五) 关键技术的创新性

我国农业发展处于由增产导向转向提质导向的关键时期,在技术驱动力不断增强和畅通国内大循环的背景下,乡村产业更强调关键技术领域的产学研用协同创新机制,推动农业发展质量、效益、整体素质全面提升。

三、发展乡村产业的意义

当前,我国已经如期实现了全面建成小康社会第一个百年奋斗目标,开启了全面建设社会主义现代化国家新征程,发展乡村产业具有重大的意义。

(一) 发展乡村产业是乡村全面振兴的重要根基

乡村振兴，产业兴旺是基础。要聚集更多资源要素，发掘更多功能价值，丰富更多业态类型，形成城乡要素顺畅流动、产业优势互补、市场有效对接格局，乡村振兴的基础才牢固。

(二) 发展乡村产业是巩固提升全面小康成果的重要支撑

全面建成小康社会后，在迈向基本实现社会主义现代化的新征程中，农村仍是重点和难点。发展乡村产业，让更多的农民就地就近就业，把产业链增值收益更多地留给农民，农村全面小康社会和脱贫攻坚成果的巩固才有基础、提升才有空间。

(三) 发展乡村产业是推进农业农村现代化的重要引擎

农业农村现代化不仅是技术装备提升和组织方式创新，更体现在构建完备的现代农业产业体系、生产体系、经营体系。发展乡村产业，将现代工业标准理念和服务业人本理念引入农业农村，推进农业规模化、标准化、集约化，纵向延长产业链条，横向拓展产业形态，助力农业强、农村美、农民富。

第二节　乡村产业振兴的重点领域

一、做强现代种养业

种养业既是乡村产业的基础，也是保障粮食等重要农产品供应的关键所在。做强现代种养业，应逐步形成以种养业为基础，以"种养结合、以养促种、创富共赢"的生态种养殖产业体系，推动乡村产业现代化融合发展。

(一) 创新产业组织方式

创新产业组织方式，推动种养业向规模化、标准化、品牌化和绿色化方向发展，延伸拓展产业链，增加绿色优质产品供给，不断提高质量效益和竞争力。

（二）巩固提升粮食产能

持续提高农业综合生产能力，巩固提升粮食产能，全面落实永久基本农田特殊保护制度，加强高标准农田建设，强化粮食生产功能区和重要农产品生产保护区建设，确保国家粮食安全和重要农产品有效供给。

（三）有序推进养殖业生产

加强生猪等畜禽产能建设，提升动物疫病防控能力，推进奶业振兴和渔业转型升级。

（四）发展经济林和林下经济

经济林是森林资源的重要组成部分，是集生态、经济、社会效益于一身，融一二三产业为一体的生态富民支撑产业。林下经济是指以林地资源、林下空间和森林生态环境为基础，在林下空间进行林下种植业、养殖业、相关产品采集加工业和森林旅游业，包括林下产业、林中产业、林上产业，以提高林地生产率、劳动生产率、资金利用率。大力发展经济林和林下经济是把绿水青山变成金山银山最有效、最直接的途径之一。

二、做精乡土特色产业

乡土特色产业是从农民手工艺改造提升出来的乡村产业。各地要因地制宜发展多样化特色种养，加快发展特色食品、特色制造、特色建筑、特色手工业等乡土特色产业。

（一）发掘一批乡土特色产品

以资源禀赋和独特历史文化为基础，有序开发特色资源，做精乡土特色产业，因地制宜发展小宗类、多样性特色种养，加强地方小品种质资源保护和开发，充分挖掘农村各类非物质文化遗产资源，保护传统工艺，开发一批乡土特色产业。

（二）建设一批特色产业基地

围绕特色农产品优势区，积极发展多样化特色粮、油、薯、果、菜、茶、菌、中药材、养殖、林特花卉苗木等特色种养，推进特色农产品基地建设，支持建设规范化乡村工厂、生产车间，全面提升特色农业的绿色化、标准化、品牌化发展水平。

（三）打造一批特色产业集群

开发人无我有、人有我优、人优我特的特色优势资源，创建"一村一品"示范村镇，打造乡土特色产业品牌化、集群化发展平台载体，推进整村开发、一村带多村、多村连成片，厚植区域经济发展新优势，不断将资源优势转化为产业优势、产业优势转化为经济优势。

（四）创响一批乡土特色品牌

按照"有标采标、无标创标、全程贯标"要求，制定不同区域不同产品的技术规程和产品标准，发掘一批乡村特色产品和能工巧匠，创响"独一份""特别特""好中优"的"土字号""乡字号"特色产品品牌。

三、提升农产品加工流通业

农产品加工业是指以农、林、牧、渔产品及其加工品为原料所进行的工业生产活动。农产品加工流通作为连接农业生产和消费的桥梁，具有衔接供需、连接城乡、引导生产、促进消费的功能。

（一）创新农产品流通模式

创新农产品流通模式，完善以农产品批发市场或龙头生产加工企业为核心的农产品流通模式，在实现"农超对接"的基础上，引导"农餐对接""农校对接"等多种方式良性发展，积极推动农产品电子商务等新型流通模式的发展和应用。

（二）创新流通业态

创新流通业态，鼓励大型电商企业和农产品流通企业积极对接、融合，促进农产品连锁超市等流通业态健康发展，打造扁平化的农产品流通模式。

（三）加快农产品流通体系建设

加大对农产品流通基础设施的投入，重视关键流通节点的建设。提高农产品流通技术，加大对农产品流通加工技术、保鲜技术、冷链物流等现代农产品流通作业技术的应用，有效降低农产品在流通作业环节的损耗。加快构建农产品综合信息服务平台，及时发布和共享农产品服务信息，逐步优化农业生产结构，不断提高农业综合生产能力。

四、优化乡村休闲旅游业

乡村休闲旅游业是农业功能拓展、乡村价值发掘、业态类型创新的新产业，横跨农村一二三产业、兼容生产生活生态、融通工农城乡，发展前景广阔。

（一）建设乡村休闲旅游重点区

依据自然风貌、人文环境、乡土文化等资源禀赋，建设特色鲜明、功能完备、内涵丰富的乡村休闲旅游重点区。包括建设城市周边乡村休闲旅游区、建设自然风景区周边乡村休闲旅游区、建设民俗民族风情乡村休闲旅游区和建设传统农区乡村休闲旅游景点。

（二）开发乡村休闲旅游业态和产品

乡村休闲旅游要坚持个性化、特色化发展方向，以农耕文化为魂、美丽田园为韵、生态农业为基、古朴村落为形、创新创意为径，开发形式多样、独具特色、个性突出的乡村休闲旅游业态和产品。

(三) 建设休闲旅游精品景点

实施乡村休闲旅游精品工程,加强引导,加大投入,建设一批休闲旅游精品景点。

以县域为单元,依托独特自然资源、文化资源,建设一批设施完备、业态丰富、功能完善,在区域、全国乃至世界有知名度和影响力的休闲农业重点县。依托种养业、田园风光、绿水青山、村落建筑、乡土文化、民俗风情和人居环境等资源优势,建设一批天蓝、地绿、水净、安居、乐业的美丽休闲乡村,实现产村融合发展。鼓励有条件的地区依托美丽休闲乡村,建设健康养生养老基地。根据休闲旅游消费升级的需要,促进休闲农业提档升级,建设一批功能齐全、布局合理、机制完善、带动力强的休闲农业精品园区,推介一批视觉美丽、体验美妙、内涵美好的乡村休闲旅游精品景点线路。引导有条件的休闲农业园建设中小学生实践教育基地。

五、培育乡村新型服务业

乡村新型服务业是适应农村生产生活方式变化应运而生的产业,业态类型丰富,经营方式灵活,发展空间广阔。乡村新型服务业包括生产性服务业和生活性服务业。

(一) 提升生产性服务业

一要扩大服务领域。适应农业生产规模化、标准化、机械化的趋势,支持供销、邮政、农民合作社及乡村企业等,开展农技推广、土地托管、代耕代种、烘干收储等农业生产性服务,以及市场信息、农资供应、农业废弃物资源化利用、农机作业及维修、农产品营销等服务。

二要提高服务水平。引导各类服务主体把服务网点延伸到乡村,鼓励新型农业经营主体在城镇设立鲜活农产品直销网点,推广农超、农社（区）、农企等产销对接模式。鼓励大型农产品加工流通企业开展托管服务、专项服务、连锁服务、个性化服务等综合配套服务。

（二）拓展生活性服务业

一要丰富服务内容。改造提升餐饮住宿、商超零售、美容美发、洗浴、照相、电器维修、再生资源回收等乡村生活服务业，积极发展养老护幼、卫生保洁、文化演出、体育健身、法律咨询、信息中介、典礼司仪等乡村服务业。

二要创新服务方式。积极发展订制服务、体验服务、智慧服务、共享服务、绿色服务等新形态，探索"线上交易+线下服务"的新模式。鼓励各类服务主体建设运营覆盖娱乐、健康、教育、家政、体育等领域的在线服务平台，推动传统服务业升级改造，为乡村居民提供高效便捷服务。

六、发展乡村信息产业

（一）发展农村电子商务

一要培育农村电子商务主体。引导电商、物流、商贸、金融、供销、邮政、快递等各类电子商务主体到乡村布局，构建农村购物网络平台。依托农家店、农村综合服务社、村邮站、快递网点、农产品购销代办站等发展农村电商末端网点。

二要扩大农村电子商务应用。在农业生产、加工、流通等环节，加快互联网技术应用与推广。在促进工业品、农业生产资料下乡的同时，拓展农产品、特色食品、民俗制品等产品的进城空间。

三要改善农村电子商务环境。实施"互联网+"农产品出村进城工程，完善乡村信息网络基础设施，加快发展农产品冷链物流设施。建设农村电子商务公共服务中心，加强农村电子商务人才培养,营造良好市场环境。

(二) 全面推进信息进村入户

围绕信息进村入户工程进行系统部署,加快推进网络基础设施建设、打造4G精品网络,推动农村无线通信网络从4G向5G演进,使信息技术与乡村振兴紧密结合,更好地解决农业生产中的产前、产中和产后问题,让农民能充分享受到便捷、经济、高效的生活信息服务。

(三) 打造一体化现代互联网农业产业园

互联网农业产业园是以互联网技术为中心,对农业的信息技术进行综合,把感知、传输、控制、作业一体化,打造一个标准化、规范化的农业产业园,这样不仅节省了人力成本,也提高了品质控制能力,增强了对自然风险的抗击能力。

第三节　乡村产业振兴的现实困境及实施路径

一、乡村产业振兴的困境

乡村振兴作为一项系统性全局性战略工程,产业振兴是基础,是关键。目前,乡村产业发展还面临着产业组织化程度低、产业链不完整、分散经营、与大市场脱节、标准化品牌化不足、科技化和数字化不足等问题。

(一) 乡村产业发展的主体缺乏

1. 乡村产业人才缺乏

乡村产业的经营群体以初中及其以下文化程度为主,大专及以上学历的很少,缺乏必要的经营技术和市场理念。同时,乡村振兴所需的管理人才、经营人才、科技人才极为缺乏,尤其是做大电商产业、发展新型农业旅游等方面的专业人才。

2. 农村新型经营组织还没有发挥生力军的作用

农村新型经营组织规模不够大、发展质量不够高、发展后劲不够足。农民专业合作社是个很好的通过集体抱团实现分散经营与大市场及现代农业连接的组织方式,但是当前发展阶段实力较弱,存在管理不规范等问题,难以靠自身打通产业链,聚集要素资源,在产业链分工和工商资本合作中难以获得公平地位。大部分农民专业合作社对一二三产融合发展的发展方向、盈利模式等仍不清晰,特别是农特产品加工、农旅融合发展等仍是短板。家庭农场等新型农业经营主体同样由于管理不规范,市场信息缺乏,品牌、标准、渠道建设投入能力不足,科技创新能力弱,导致难以实现产业升级和延伸,难以获取外部资金支持。

3. 乡村产业服务主体缺乏

乡村产业从生产端到市场端缺乏龙头企业示范带动,相应的生产服务体系尚不健全,缺乏产业服务联盟为经营主体提供产前、产中、产后各环节服务,产业发展定位辅导、技术培训等服务相对缺乏,以致大多数合作社发展质量不高、后劲不足,难以支持新型经营主体做大做强。在农村从事种养的农户也由于缺乏贴身有效的专业化服务,扩大家庭适度规模经营存在困难。

(二) 乡村产业发展的融合度低

1. 乡村产业融合度不高,产业链条短

由于农业基础设施薄弱、规模化程度低,乡村种养产业"种了卖、养了卖、挖了卖"的情况比较普遍,处于种植和初级农特产品销售阶段,存在小而散现象,"种、养、加"未能有机结合,存在农特产品加工转化率较低,价值功能开发不充分,农特产品档次和附加值不高等问题。知名品牌和高价值农特产品少,对产业链前延后伸的投入较少,加工农特产品技术含量较低,未能讲好故事和标准定价分级,经济效益不高。

2. 土地资源制约乡村产业融合

乡村产业振兴必然要发展高附加值的农业,但这些产业大多需要建设温室大棚等现代化生产设施,受到基本农田禁止"非农化""非粮化"限制,与当前国土空间规划和土地用途管制制度之间仍存在一定矛盾,导致高附加值农业产业种植用地严重缺乏,扩种计划受阻。同时,发展乡村第三产业也需要配套建设游客接待、酒店民宿、停车场等商业及公共服务设施,促进产业融合的土地资源极度紧缺。

3. 乡村旅游资源未深入挖掘,配套设施不完善

大部分乡村主题农旅也处于初级阶段,交通、住宿等旅游环境虽然有了起步基础,但相对缺乏统一规划和管理,呈无序发展状态。对旅游产业的协同整体开发不够,大部分民宿为村民自营,缺乏资金支持,交通、餐饮等配套设施不完善,对文化的挖掘深度不够,和域内其他文旅景点联动不够,导致很多乡村旅游项目还不具有吸引力。

(三) 乡村产业发展的市场化不足

1. 流通基础设施不健全

在现有农特产品流通渠道中,仓储物流、批发市场、产销对接、鲜活农特产品直销等基础设施普遍较为落后,专业化现代化物流服务企业数量极少。很多乡镇产业物流主要靠快递公司上门收件,现代物流体系和物流批发市场建设滞后。同时,产地冷链物流基础设施缺乏,难以解决农特产品标准化生产、检测、初加工、包装、保鲜,商品化不足。

2. 流通模式以零售为主,批发市场不完善

当前,乡村农特产品的流通以零售为主,部分地区建有批发市场,但基本处于"有场无市"状况,物流经营成本较高,很多农特产品市场流通渠道不畅,时而出现农作物丰产反而滞销的

情况。

3. 生产规模小，市场开拓难

大部分土地受传统农业生产经营模式影响，土地分散化、碎片化，乡村种植产业多是以几亩到十几亩为主的小规模经营，导致农业低效率经营的问题突出，生产规范化、标准化滞后，加工不深、包装不精，致使市场占有率较低。同时，广大农业经营主体品牌经营意识有待提高，目前都是同质化的种植、电商业态，给品牌培育、市场开拓带来很大限制。

(四) 乡村产业发展的科技化数字化不足

1. 乡村产业主体的数字化意识不强

乡村产业主体大多是小微组织，自身抗风险能力较弱，在产业数字化投入中缺少动力。即便是省内龙头农业企业对相关产业的整合意愿也不强，数字化发展的倾向也不明显。

2. 数字化支持作用有待发挥

目前大多是针对乡村治理的数字化建设和数字化农业试点方案，更多是从政府角度考虑，没有按照市场需求和逻辑设计、整合，缺乏产业链上下游资源衔接，难以融于产业生态形成动态开放系统。同时，各市场主体提供的乡村大数据和农业大数据均为立足自营业务循环，未立足于整个产业生态，影响了数字化支持作用的发挥。

3. 乡村产业的技术支撑不足

在科技服务方面仍不能满足现代乡村产业发展需要，表现在新技术、优良品种的引进、示范、推广的经费少，工作难开展。同时，也缺少技术力量雄厚的农业龙头企业，新型农业科技应用率低。

(五) 乡村产业振兴的资金不足

1. 乡村产业的引资能力不足

农业产业投入大、周期长、见效慢，农业经营主体小型分散、承担风险的能力弱,且大多缺乏贷款抵押物,金融机构从资金安全角度考虑,对乡村产业的贷款支持十分谨慎。乡村产业长期受自给自足传统经营观念影响,同时因免税和现金支付等原因,规范意识欠缺,存在多套账现象,难以获取真实盈利和风险信息,无法实现信息对称,既影响乡村产业生产计划性和价值风险管理,又不利于金融机构识别乡村产业风险,导致乡村产业融资难。

2. 支农金融主体缺乏

目前农村金融市场符合传统信贷条件的业务被国有银行和信用社垄断,而这些金融机构在农村基层网点少,难以下沉到农村,农户和农村小微企业的贷款需求难以满足。同时,因农村家庭经营分散、小额、短期,服务成本高,这些银行不具备差异化的核心能力,满足不了农村金融需求。虽然政策允许有条件的合作社开展信用合作,开展社员内部资金互助,但还没有多级信贷合作社和保险合作社,制约着乡村产业金融的发展,导致农村金融服务种类单一、"三农"贷款方式单一。

二、乡村产业振兴的实施路径

(一) 科学合理布局,优化乡村产业空间结构

1. 强化县域统筹

在县域内统筹考虑城乡产业发展,合理规划乡村产业布局,形成县城、中心镇(乡)、中心村层级分工明显、功能有机衔接的格局。推进城镇基础设施和基本公共服务向乡村延伸,实现城乡基础设施互联互通、公共服务普惠共享。完善县城综合服务功能,搭建技术研发、人才培训和产品营销等平台。

2. 推进镇域产业聚集

发挥镇(乡)上连县、下连村的纽带作用,支持有条件的

地方建设以镇（乡）所在地为中心的产业集群。支持农产品加工流通企业重心下沉，向有条件的镇（乡）和物流节点集中。引导特色小镇立足产业基础，加快要素聚集和业态创新，辐射和带动周边地区产业发展。

3. 促进镇村联动发展

引导农业企业与农民合作社、农户联合建设原料基地、加工车间等，实现加工在镇、基地在村、增收在户。支持镇（乡）发展劳动密集型产业，引导有条件的村建设农工贸专业村。

4. 支持贫困地区产业发展

持续加大资金、技术、人才等要素投入，巩固和扩大产业扶贫成果。支持贫困地区特别是"三区三州"地区开发特色资源、发展特色产业，鼓励农业产业化龙头企业、农民合作社与农户建立多种形式的利益联结机制。引导大型加工流通、采购销售、投融资企业与贫困地区对接，开展招商引资，促进产品销售。鼓励农业产业化龙头企业与贫困地区合作创建绿色食品、有机农产品原料标准化生产基地，带动农村低收入人口进入大市场。

（二）促进产业融合发展，增强乡村产业聚合力

1. 培育多元融合主体

支持农业产业化龙头企业发展，引导其向粮食主产区和特色农产品优势区集聚。启动家庭农场培育计划，开展农民合作社规范提升行动。鼓励发展农业产业化龙头企业带动、农民合作社和家庭农场跟进、小农户参与的农业产业化联合体。支持发展县域范围内产业关联度高、辐射带动力强、多种主体参与的融合模式，实现优势互补、风险共担、利益共享。

2. 发展多类型融合业态

跨界配置农业和现代产业要素，促进产业深度交叉融合，形

成"农业+"多业态发展态势。推进规模种植与林、牧、渔融合,发展稻渔共生、林下种养等。推进农业与加工流通业融合,发展中央厨房、直供直销、会员农业等。推进农业与文化、旅游、教育、康养等产业融合,发展创意农业、功能农业等。推进农业与信息产业融合,发展数字农业、智慧农业等。

3. 打造产业融合载体

立足县域资源禀赋,突出主导产业,建设一批现代农业产业园和农业产业强镇,创建一批农村产业融合发展示范园,形成多主体参与、多要素聚集、多业态发展格局。

4. 构建利益联结机制

引导农业企业与小农户建立契约型、分红型、股权型等合作方式,把利益分配重点向产业链上游倾斜,促进农民持续增收。完善农业股份合作制企业利润分配机制,推广"订单收购+分红""农民入股+保底收益+按股分红"等模式。开展土地经营权入股从事农业产业化经营试点。

(三) 推进质量兴农绿色兴农,增强乡村产业持续增长力

1. 健全绿色质量标准体系

实施国家质量兴农战略规划,制修订农业投入品、农产品加工业、农村新业态等方面的国家和行业标准,建立统一的绿色农产品市场准入标准。积极参与国际标准制修订,推进农产品认证结果互认。引导和鼓励农业企业获得国际通行的农产品认证,拓展国际市场。

2. 大力推进标准化生产

引导各类农业经营主体建设标准化生产基地,在国家农产品质量安全县整县推进全程标准化生产。加强化肥、农药、兽药及饲料质量安全管理,推进废旧地膜和包装废弃物等回收处理,推行水产健康养殖。加快建立农产品质量分级及产地准出、市场准

入制度,实现从田间到餐桌的全产业链监管。

3. 培育提升农业品牌

实施农业品牌提升行动,建立农业品牌目录制度,加强农产品地理标志管理和农业品牌保护。鼓励地方培育品质优良、特色鲜明的区域公用品牌,引导企业与农户等共创企业品牌,培育一批"土字号""乡字号"产品品牌。

4. 强化资源保护利用

大力发展节地节能节水等资源节约型产业。建设农业绿色发展先行区。国家明令淘汰的落后产能、列入国家禁止类产业目录的、污染环境的项目,不得进入乡村。推进种养循环一体化,支持秸秆和畜禽粪污资源化利用。推进加工副产物综合利用。

(四) 推动创新创业升级,增强乡村产业发展新动能

1. 强化科技创新引领

大力培育乡村产业创新主体。建设国家农业高新技术产业示范区和国家农业科技园区。建立产学研用协同创新机制,联合攻克一批农业领域关键技术。支持种业育繁推一体化,培育一批竞争力强的大型种业企业集团。建设一批农产品加工技术集成基地。创新公益性农技推广服务方式。

2. 促进农村创新创业

实施乡村就业创业促进行动,引导农民工、大中专毕业生、退役军人、科技人员等返乡入乡人员和"田秀才""土专家""乡创客"创新创业。创建农村创新创业和孵化实训基地,加强乡村工匠、文化能人、手工艺人和经营管理人才等创新创业主体培训,提高创业技能。

(五) 健全政策措施,强化乡村产业发展制度保障

1. 健全财政投入机制

加强一般公共预算投入保障,提高土地出让收入用于农业农

村的比例，支持乡村产业振兴。新增耕地指标和城乡建设用地增减挂钩节余指标跨省域调剂收益，全部用于巩固脱贫攻坚成果和支持乡村振兴。鼓励有条件的地方按市场化方式设立乡村产业发展基金，重点用于乡村产业技术创新。鼓励地方按规定对吸纳贫困家庭劳动力、农村残疾人就业的农业企业给予相关补贴，落实相关税收优惠政策。

2. 创新乡村金融服务

引导县域金融机构将吸收的存款主要用于当地，重点支持乡村产业。支持小微企业融资优惠政策适用于乡村产业和农村创新创业。发挥全国农业信贷担保体系作用，鼓励地方通过实施担保费用补助、业务奖补等方式支持乡村产业贷款担保，拓宽担保物范围。允许权属清晰的农村承包土地经营权、农业设施、农机具等依法抵押贷款。加大乡村产业项目融资担保力度。支持地方政府发行一般债券用于支持乡村振兴领域的纯公益性项目建设。鼓励地方政府发行项目融资和收益自平衡的专项债券，支持符合条件、有一定收益的乡村公益性项目建设。规范地方政府举债融资行为，不得借乡村振兴之名违法违规变相举债。支持符合条件的农业企业上市融资。

3. 有序引导工商资本下乡

坚持互惠互利，优化营商环境，引导工商资本到乡村投资兴办农民参与度高、受益面广的乡村产业，支持发展适合规模化集约化经营的种养业。支持企业到贫困地区和其他经济欠发达地区吸纳农民就业、开展职业培训和就业服务等。工商资本进入乡村，要依法依规开发利用农业农村资源，不得违规占用耕地从事非农产业，不能侵害农民财产权益。

4. 完善用地保障政策

耕地占补平衡以县域自行平衡为主，在安排土地利用年度计

第二章 乡村产业振兴

划时,加大对乡村产业发展用地的倾斜支持力度。探索针对乡村产业的省市县联动"点供"用地。推动制修订相关法律法规,完善配套制度,开展农村集体经营性建设用地入市改革,增加乡村产业用地供给。有序开展县域乡村闲置集体建设用地、闲置宅基地、村庄空闲地、厂矿废弃地、道路改线废弃地、农业生产与村庄建设复合用地及"四荒地"(荒山、荒沟、荒丘、荒滩)等土地综合整治,盘活建设用地重点用于乡村新产业新业态和返乡入乡创新创业。完善设施农业用地管理办法。

5. 健全人才保障机制

各类创业扶持政策向农业农村领域延伸覆盖,引导各类人才到乡村兴办产业。加大农民技能培训力度,支持职业学校扩大农村招生。深化农业系列职称制度改革,开展面向农技推广人员的评审。支持科技人员以科技成果入股农业企业,建立健全科研人员校企、院企共建双聘机制,实行股权分红等激励措施。实施乡村振兴青春建功行动。

典型案例 肉牛产业让乡村振兴"畜"势勃发

作为一个易地搬迁的村落,如何让搬迁群众实现"留得住、有发展、能致富"目标?云南省楚雄彝族自治州姚安县光禄镇草海彝村经过10年探索,在产业致富的道路上交出了一份满意的答卷,实现了产业多元化发展的华丽转变。

走进草海彝村,很多农户因陋就简在庭院中进行"居养一体、舍饲一体、繁养一体"的紧凑式、高密度养殖。10年来,全村肉牛养殖规模由搬迁入住时的2头扩大到1 246头,2021年出栏肉牛460头、实现产值1 000余万元、人均增收近4 000元,肉牛养殖实现了量质双提升。

近年来，姚安县充分发挥比较优势，因地制宜创建"一县一业"肉牛产业示范县，着力提高肉牛综合生产能力，切实抓住产业兴旺的"牛鼻子"，做好乡村振兴这篇"大文章"。

为加快创建"一县一业"肉牛产业示范县，姚安县出台创建"一村一品"专业村加快产业发展的实施意见、发展肉牛产业"九条"等配套措施，加大奖励扶持力度。"十三五"期间，县财政每年安排预算1 000万元用于肉牛品种改良、圈舍建设、贷款贴息、母牛增量扩繁等环节扶持，激发了肉牛产业发展的内生动力。

在打好政策"组合拳"的同时，姚安县加强政府引导，创新养殖模式。"村党组织+自繁自养、政府搭台+租赁经营、整村推进+绿色养殖、龙头企业+农户、养殖大户+合作社"5种养殖模式应运而生，实现了政府招商引资、企业减负盈余、群众增加收入、养殖绿色环保多赢。在科技助力方面，姚安县聚焦"种、料、管、防"4个环节，推广应用肉牛养殖适用技术，稳步提高生产标准化、规范化、科学化水平。

此外，姚安县还在全省率先推出"乡村振兴金牛贷""乡村振兴产业贷"等专项贷款产品，拓宽全县肉牛养殖农户和企业融资渠道，实现肉牛产业发展贷款免抵押、免担保，建立政府与银行风险共担机制，通过政府增信的方式，为肉牛产业不断发展壮大注入了金融"活水"。

通过政府引导，资源整合、科技助力、金融护航等不断发力，姚安县肉牛产业逐渐发展壮大。2021年，姚安县共有肉牛养殖专业村7个、专业合作社17个，存栏10头以上的养殖户814户、百头以上的10户、千头以上的1户，肉牛出栏5.6万头、存栏17万头，全县肉牛产业呈整体推进、稳步发展、持续向好态势。

姚安肉牛产业的发展只是全州肉牛产业不断培强做大的一个缩影。近年来,州委、州政府坚持把培植肉牛产业作为畜牧业发展的一项重要任务来抓,肉牛养殖规模实现突破性增长,成为农业经济结构调整中最具活力的产业之一。2021年年末,全州牛存栏69.12万头、出栏23.28万头,居全省第5位,有年出栏肉牛10头以上的规模养殖场2 122个,楚雄垠兴牧业出栏肉牛2 364头,是全省年出栏量最多的肉牛规模养殖场。全州上下正把肉牛产业作为巩固拓展脱贫攻坚成果、推进乡村振兴的重要产业来培植,让养牛这篇"文章"越做越大。

资料来源:姜蕾.肉牛产业让乡村振兴"畜"势勃发.云南网-楚雄日报,2022-07-11.

第三章 乡村人才振兴

第一节 乡村人才的内涵和分类

一、乡村人才的内涵及类别

乡村人才不仅仅限于狭义上的农村本地人力资源,广义上讲,乡村人才应该包括能在农村广阔天地大施所能、大展才华、大显身手的各类农业农村人力资源。从人才来源看,乡村人才主要包括农村本土人才、返乡创业人才(返乡农民工、大中专毕业生、退伍军人等)、城市下乡人才、驻村干部和大学生村官等。

二、乡村人才的分类

从人才类别看,乡村人才主要包括农村实用人才和农业科技人才两大类。

（一）农村实用人才

农村实用人才是指具有一定知识和技能,能为农业生产经营,农村经济建设和农村科技、教育、文化、卫生等各项事业提供服务的农村劳动者。主要包括以下6类。一是生产型人才,指在种植、养殖、捕捞、加工等领域有一定示范带动效应、帮助农民增收致富的生产能手,如"土专家""田秀才",以及专业大户、家庭农场主等。二是经营型人才,指从事农业经营、农民合作组织、农村经纪等生产经营活动的农村劳动者，如农民专业合作社负责人、农业生产服务人才、农村经纪人等。三是专业型人才，指农村教育、农村医疗等农村公共服务领域的专业技术人员，如农村教师、农村卫生技术人员等。四是技能型人才，指具有制造业、加工业、建筑业、服务业等方面特长和技能的带动型实用人才，如铁匠、木匠、泥匠、石匠等手工业者。五是服务型人才，指在农村文化、体育、就业、社会保障等领域提供服务的各类人才，如文化艺术人才，社会工作人员和金融、电商、农机驾驶及维修等技术服务人员等。六是管理型人才，指在乡村治理、带领农民致富等方面发挥着关键作用的干部和人员，如村两委成员、党组织带头人、驻村干部、大学生村官、乡贤等。

需要特别说明的是，新型职业农民指以农业为职业、具有相应专业技能、收入主要来自农业生产经营并达到相当水平的现代农业从业者。从类别归属看，新型职业农民归属于农村实用人才，其在内涵上则涵盖了生产型、经营型两类，主要包括专业大户、家庭农场、农民合作社、农业社会化服务组织中的从业者。

（二）农业科技人才

农业科技人才则指受过专门教育和职业培训，掌握农业专业知识和技能，专门从事农业科研、教育、推广服务等专业性工作的人员。主要包括农业科研人才、农机人才、农技人才、农业技术推广人才、农村技能服务人才等。

第二节　乡村人才振兴的重点领域

乡村人才类型多样、构成复杂。2021年2月23日，中共中央办公厅、国务院办公厅印发的《关于加快推进乡村人才振兴的意见》坚持问题导向，针对基层实践迫切需要，突出重点，对加快培养农业生产经营人才、农村二三产业发展人才、乡村公共服务人才、乡村治理人才、农业农村科技人才进行了针对性部署。

一、农业生产经营人才

（一）培养高素质农民队伍

深入实施现代农民培育计划，重点面向从事适度规模经营的农民，分层分类开展全产业链培训，加强训后技术指导和跟踪服务，支持创办领办新型农业经营主体。充分利用现有网络教育资源，加强农民在线教育培训。实施农村实用人才培养计划，加强培训基地建设，培养造就一批能够引领一方、带动一片的农村实用人才带头人。

（二）突出抓好家庭农场经营者、农民合作社带头人培育

深入推进家庭农场经营者培养，完善项目支持、生产指导、质量管理、对接市场等服务。建立农民合作社带头人人才库，加强对农民合作社骨干的培训。鼓励农民工、高校毕业生、退役军人、科技人员、农村实用人才等创办领办家庭农场、农民合作社。鼓励有条件的地方支持农民合作社聘请农业经理人。鼓励家庭农场经营者、农民合作社带头人参加职称评审、技能等级认定。

二、农村二三产业发展人才

（一）培育农村创业创新带头人

深入实施农村创业创新带头人培育行动，不断改善农村创业创新生态，稳妥引导金融机构开发农村创业创新金融产品和服务方式，加快建设农村创业创新孵化实训基地，组建农村创业创新导师队伍。壮大新一代乡村企业家队伍，通过专题培训、实践锻

炼、学习交流等方式，完善乡村企业家培训体系，完善涉农企业人才激励机制，加强对乡村企业家合法权益的保护。

（二）加强农村电商人才培育

提升电子商务进农村效果，开展电商专家下乡活动。依托全国电子商务公共服务平台，加快建立农村电商人才培养载体及师资、标准、认证体系，开展线上线下相结合的多层次人才培训。

（三）培育乡村工匠

挖掘培养乡村手工业者、传统艺人，通过设立名师工作室、大师传习所等，传承发展传统技艺。鼓励高等学校、职业院校开展传统技艺传承人教育。在传统技艺人才聚集地设立工作站，开展研习培训、示范引导、品牌培育。支持鼓励传统技艺人才创办特色企业，带动发展乡村特色手工业。

（四）打造农民工劳务输出品牌

实施劳务输出品牌计划，围绕地方特色劳务群体，建立技能培训体系和评价体系，完善创业扶持、品牌培育政策，通过完善行业标准、建设专家工作室、邀请专家授课、举办技能比赛等途径，普遍提升从业者职业技能，提高劳务输出的组织化、专业化、标准化水平，培育一批叫得响的农民工劳务输出品牌。

三、乡村公共服务人才

（一）加强乡村教师队伍建设

落实城乡统一的中小学教职工编制标准。继续实施革命老区、民族地区、边疆地区人才支持计划、教师专项计划和银龄讲学计划。加大乡村骨干教师培养力度，精准培养本土化优秀教师。改革完善"国培计划"，深入推进"互联网+义务教育"，健全乡村教师发展体系。对长期在乡村学校任教的教师，职称评审可按规定"定向评价、定向使用"，高级岗位实行总量控制、比例单列,可不受所在学校岗位结构比例限制。落实好乡村教师生活补助政策,加强乡村学校教师周转宿舍建设,按规定将符合条件的乡村教师纳入当地住房保障范围。

(二) 加强乡村卫生健康人才队伍建设

按照服务人口1‰左右的比例,以县为单位每5年动态调整乡镇卫生院人员编制总量,允许编制在县域内统筹使用,用好用足空余编制。推进乡村基层医疗卫生机构公开招聘,艰苦边远地区县级及基层医疗卫生机构可根据情况适当放宽学历、年龄等招聘条件,对急需紧缺卫生健康专业人才可以采取面试、直接考察等方式公开招聘。乡镇卫生院应至少配备1名公共卫生医师。深入实施全科医生特岗计划、农村订单定向医学生免费培养和助理全科医生培训,支持城市二级及以上医院在职或退休医师到乡村基层医疗卫生机构多点执业,开办乡村诊所,充实乡村卫生健康人才队伍。完善乡村基层卫生健康人才激励机制,落实职称晋升和倾斜政策,优化乡镇医疗卫生机构岗位设置,按照政策合理核定乡村基层医疗卫生机构绩效工资总量和水平。优化乡村基层卫生健康人才能力提升培训项目,加强在岗培训和继续教育。落实乡村医生各项补助,逐步提高乡村医生收入待遇,做好乡村医生参加基本养老保险工作,深入推进乡村全科执业助理医师资格考试,推动乡村医生向执业(助理)医师转化,引导医学专业高校毕业生免试申请乡村医生执业注册。鼓励免费定向培养一批源于本乡本土的大学生乡村医生,多途径培养培训乡村卫生健康工作队伍,改善乡村卫生服务和治理水平。

(三) 加强乡村文化旅游体育人才队伍建设

推动文化旅游体育人才下乡服务,重点向革命老区、民族地区、边疆地区倾斜。完善文化和旅游、广播电视、网络视听等专业人才扶持政策,培养一批乡村文艺社团、创作团队、文化志愿者、非遗传承人和乡村旅游示范者。鼓励运动员、教练员、体育专业师生、体育科研人员参与乡村体育指导志愿服务。

(四) 加强乡村规划建设人才队伍建设

支持熟悉乡村的首席规划师、乡村规划师、建筑师、设计师及团队参与村庄规划设计、特色景观制作、人文风貌引导，提高设计建设水平，塑造乡村特色风貌。统筹推进城乡基础设施建设管护人才互通共享，搭建服务平台，畅通交流机制。实施乡村本土建设人才培育工程，加强乡村建设工匠培训和管理，培育修路工、水利员、改厕专家、农村住房建设辅导员等专业人员，提升农村环境治理、基础设施及农村住房建设管护水平。

四、乡村治理人才

(一) 加强乡镇党政人才队伍建设

选优配强乡镇领导班子特别是乡镇党委书记，健全从乡镇事业人员、优秀村党组织书记、到村任职过的选调生、驻村第一书记、驻村工作队员中选拔乡镇领导干部常态化机制。实行乡镇编制专编专用，明确乡镇新录用公务员在乡镇最低服务年限，规范从乡镇借调工作人员。落实乡镇工作补贴和艰苦边远地区津贴政策，确保乡镇机关工作人员收入高于县直机关同职级人员。落实艰苦边远地区乡镇公务员考录政策，适当降低门槛和开考比例，允许县乡两级拿出一定数量的职位面向高校毕业生、退役军人等具有本地户籍或在本地长期生活工作的人员招考。

(二) 推动村党组织带头人队伍整体优化提升

坚持把政治标准放在首位，选拔思想政治素质好、道德品行好、带富能力强、协调能力强，公道正派、廉洁自律，热心为群众服务的党员担任村党组织书记。注重从本村致富能手、外出务工经商返乡人员、本乡本土大学毕业生、退役军人中的党员里培养选拔村党组织书记。对本村暂时没有党组织书记合适人选的，可从上级机关、企事业单位优秀党员干部中选派，有条件的地方也可以探索跨村任职。全面落实村党组织书记县级党委组织部门备案管理制度和村"两委"成员资格联审机制，实行村"两委"成员近亲属回避，净化、优化村干部队伍。加大从优秀村党组织书记中考录乡镇公务员、招聘乡镇事业编制人员力度。县级党委每年至少对村党组织书记培训1次，支持村干部和农民参加学历教育。坚持和完善向重点乡村选派驻村第一书记和工作队制度。

（三）实施"一村一名大学生"培育计划

鼓励各地遴选一批高等职业学校，按照有关规定，根据乡村振兴需求开设涉农专业，支持村干部、新型农业经营主体带头人、退役军人、返乡创业农民工等，采取在校学习、弹性学制、农学交替、送教下乡等方式，就地就近接受职业高等教育，培养一批在乡大学生、乡村治理人才。进一步加强选调生到村任职、履行大学生村官有关职责、按照大学生村官管理工作，落实选调生一般应占本年度公务员考录计划10%左右的规模要求。鼓励各地多渠道招录大学毕业生到村工作。扩大高校毕业生"三支一扶"计划招募规模。

（四）加强农村社会工作人才队伍建设

加快推动乡镇社会工作服务站建设，加大政府购买服务力度，吸引社会工作人才提供专业服务，大力培育社会工作服务类社会组织。加大本土社会工作专业人才培养力度，鼓励村干部、年轻党员等参加社会工作职业资格评价和各类教育培训。持续实施革命老区、民族地区、边疆地区社会工作专业人才支持计划。加强乡村儿童关爱服务人才队伍建设。通过项目奖补、税收减免等方式引导高校毕业生、退役军人、返乡入乡人员参与社区服务。

(五) 加强农村经营管理人才队伍建设

依法依规划分农村经营管理的行政职责和事业职责，建立健全职责目录清单。采取招录、调剂、聘用等方式，通过安排专兼职人员等途径，充实农村经营管理队伍，确保事有人干、责有人负。加强业务培训，力争3年内轮训一遍。加强农村土地承包经营纠纷调解仲裁人才队伍建设，鼓励各地探索建立仲裁员等级评价制度。将农村合作组织管理专业纳入农业技术人员职称评审范围，完善评价标准。加强农村集体经济组织人才培养，完善激励机制。

(六) 加强农村法律人才队伍建设

加强农业综合行政执法人才队伍建设，加大执法人员培训力度，完善工资待遇和职业保障政策，培养通专结合、一专多能执法人才。推动公共法律服务力量下沉，通过招录、聘用、政府购买服务、发展志愿者队伍等方式，充实乡镇司法所公共法律服务人才队伍，加强乡村法律服务人才培训。以村干部、村妇联执委、人民调解员、网格员、村民小组长、退役军人等为重点，加快培育"法律明白人"。培育农村学法用法示范户，构建农业综合行政执法人员与农村学法用法示范户的密切联结机制。提高乡村人民调解员队伍专业化水平，有序推进在农村"五老"人员中选聘人民调解员。完善和落实"一村一法律顾问"制度。

五、农业农村科技人才

(一) 培养农业农村高科技领军人才

国家重大人才工程、人才专项优先支持农业农村领域，推进农业农村科研杰出人才培养，鼓励各地实施农业农村领域"引才计划"，加快培育一批高科技领军人才和团队。加强优秀青年后备人才培养，突出服务基层导向。支持高科技领军人才按照有关政策在国家农业高新技术产业示范区、农业科技园区等落户。

（二）培养农业农村科技创新人才

依托现代农业产业技术体系、农业科技创新联盟、现代农业产业科技创新中心等平台，发现人才、培育人才、凝聚人才。加强农业企业科技人才培养。健全农业农村科研立项、成果评价、成果转化机制，完善科技人员兼职兼薪、分享股权期权、领办创办企业、成果权益分配等激励办法。

（三）培养农业农村科技推广人才

推进农技推广体系改革创新，完善公益性和经营性农技推广融合发展机制，允许提供增值服务合理取酬。全面实施农技推广服务特聘计划。深化农技人员职称制度改革，突出业绩水平和实际贡献，向服务基层一线人才倾斜，实行农业农村科技推广人才差异化分类考核。实施基层农技人员素质提升工程，重点培训年轻骨干农技人员。建立健全农产品质量安全协管员、信息员队伍。鼓励地方对"土专家""田秀才""乡创客"发放补贴。开展"寻找最美农技员"活动。引导科研院所、高等学校开展专家服务基层活动，推广"科技小院"等培养模式，派驻研究生深入农村开展实用技术研究和推广服务工作。

（四）发展壮大科技特派员队伍

坚持政府选派、市场选择、志愿参加原则，完善科技特派员工作机制，拓宽科技特派员来源渠道，逐步实现各级科技特派员科技服务和创业带动全覆盖。完善优化科技特派员扶持激励政策，持续加大对科技特派员工作支持力度，推广利益共同体模式，支持科技特派员领办创办协办农民合作社、专业技术协会和农业企业。

第三节 乡村人才振兴的现实困境及实施路径

一、乡村人才振兴的现实困境

目前,全国各地积极响应党中央有关乡村人才振兴的决策部署,在乡村引才、育才、留才方面取得了显著成效,探索出各具特色的乡村人才振兴模式,但同时也面临人才缺口大、分布不均匀、整体素质不高等困境。

(一)农村生产经营人才总量规模仍然不足

党的十八大以来,我国不断加大对新型职业农民培育的资源投入力度。例如,2019年实施新型职业农民培育三年提质增效行动,推动新型职业农民培育转型升级,全面提升质量效能。截至2021年底,我国新型职业农民总量已超过2 000万人,增长势头良好。截至2020年6月底,通过农民合作社示范社四级联创,全国县级及以上示范社已达16万家,培养了一批作风廉洁、遵纪守法、表率作用强的农民专业合作社带头人。但是,在农村生产经营人才培育过程中,有的地方由于培训体系不够完善、培训单位师资不足、部分教学内容流于形式、与学员沟通少互动少等因素,尚不能充分满足学员生产经营实际需要。

(二)农村二三产业发展人才优惠政策有待加强

农村双创人员数量持续增加,截至2022年4月,全国各类返乡入乡创业人员超过1 100多万,产业业态越来越丰富,形成带农富农效应。然而,一些人才优惠政策存在重视实力强劲的大企业、忽视小微企业和返乡创业农民工的现象,无法提供涵盖面广、更为细化的有效帮扶。

(三)乡村公共服务人才队伍水平有待提升

近年来,中央出台了一系列方针政策,如《乡村教师支持计划》《关于全面深化新时代教师队伍建设改革的意见》等,高度重视、持续推动乡村教师队伍建设。乡村教师队伍建设取得明显成效。同时,乡村医疗卫生人才建设也取得了新进展。然而,乡村人才队伍水平仍待提高:乡村教师社会地位不高、工资待遇不理想、职称晋升困难等问题未完全解决,很多优秀人才难以长期坚守;乡村医疗卫生人员职称、学历普遍不高,专业技术水平相对薄弱,人才队伍结构缺陷较为突出。

(四)乡村治理人才服务意识仍需加强

近年来,"第一书记"、"三支一扶"人员、"大学生村官"等乡村治理人才为农村现代化建设贡献了至关重要的智慧与力量。然而,在乡村治理人才队伍中,有些村干部缺乏服务意识与竞争意识,工作态度被动消极。同时,农村法律援助需求量大、援助经费不足,村民法律意识淡薄,农村法律人才在工作中往往感到力不从心。

(五)农业农村科技人才应用转化能力不足

从2011年起,我国开始组织实施农业科研杰出人才培养计划,经过十余年培养计划,建立起一支6 000多人的高层次农业科研人才队伍,打造了一批农业科技领军人才和创新团队,启动实施"神农英才"计划,攻关农业关键核心技术。但是,农业农村科技人才总量不足、分布不均衡,高层次人才特别是领军人才、农业战略科学家、创新团队比较匮乏,具有较强科技应用转化能力和科研能力的企业技术人才存在较大缺口。

二、乡村人才振兴的实施路径

(一)充分发挥乡村人才培养主体的作用

乡村人才培养的主体多元,涉及面广,应充分发挥各类主体在乡村人才培养中的作用,着力推动形成乡村人才培养的工作合力。

1. 完善高等教育人才培养体系

全面加强涉农高校耕读教育，将耕读教育相关课程作为涉农专业学生必修课。深入实施卓越农林人才教育培养计划2.0，加快培养拔尖创新型、复合应用型、实用技能型农林人才。用生物技术、信息技术等现代科学技术改造提升现有涉农专业，建设一批新兴涉农专业。引导综合性高校拓宽农业传统学科专业边界，增设涉农学科专业。加强乡村振兴发展研究院建设，加大涉农专业招生支持力度。加强农林高校网络培训教育资源共享，打造实用精品培训课程体系。

2. 加快发展面向农村的职业教育

加强农村职业院校基础能力建设，优先支持高水平农业高职院校开展本科层次职业教育，采取校企合作、政府划拨、整合资源等方式建设一批实习实训基地。支持职业院校加强涉农专业建设、开发技术研发平台、开设特色工艺班，培养基层急需的专业技术人才。采取学制教育和专业培训相结合的模式对农村"两后生"进行技能培训*。鼓励退役军人、下岗职工、农民工、高素质农民、留守妇女等报考高职院校，可适当降低文化素质测试录取分数线。

3. 依托各级党校（行政学院）培养基层党组织干部队伍

发挥好党校（行政学院）、干部学院主渠道、主阵地作用，分类分级开展"三农"干部培训。以县级党校（行政学校）为主体，加强对村干部、驻村第一书记、基层团组织书记等乡村干部队伍的培训。采取线上线下相结合等模式，将党校（行政学

---

* 农村"两后生"培训，即对农村中初中、高中毕业后未能继续深造的应届毕业生进行技能培训。

院)、干部学院的教育资源延伸覆盖至村和社区。

4. 充分发挥农业广播电视学校等培训机构作用

支持职业院校、农业广播电视学校、农村成人文化技术培训学校(机构)、农技推广机构、农业科研院所等,加强对高素质农民、能工巧匠等本土人才培养。探索建立农民学分银行,推动农民培训与职业教育有效衔接。建立政府引导、多元参与的投入机制,将农民教育培训经费按规定列入各级预算,吸引社会资本投入。

5. 支持企业参与乡村人才培养

引导农业企业依托原料基地、产业园区等建设实训基地,推动和培训农民应用新技术。鼓励农业企业依托信息、科技、品牌、资金等优势,带动农民创办家庭农场、农民合作社,打造乡村人才孵化基地。支持农业企业联合科研院所、高等学校建设产学研用协同创新基地,培育科技创新人才。

(二) 建立健全乡村人才振兴体制机制

1. 健全农村工作干部培养锻炼制度

完善县级以上机关年轻干部在农村基层培养锻炼机制,有计划地选派县级以上机关有发展潜力的年轻干部到乡镇任职、挂职,多渠道选派优秀干部到农村干事创业。

2. 完善乡村人才培养制度

加大公费师范生培养力度,实行定向培养,明确基层服务年限,推动特岗计划与公费师范生培养相结合。推动职业院校(含技工院校)建设涉农专业或开设特色工艺班,与基层行政事业单位、用工企业精准对接,定向培养乡村人才。支持中央和国家机关有关部门、地方政府、高等学校、职业院校加强合作,按规定为艰苦地区和基层一线"订单式"培养专业人才。

3. 建立各类人才定期服务乡村制度

建立城市医生、教师、科技、文化等人才定期服务乡村制度，支持和鼓励符合条件的事业单位科研人员按照国家有关规定到乡村和涉农企业创新创业，充分保障其在职称评审、工资福利、社会保障等方面的权益。鼓励地方整合各领域外部人才成立乡村振兴顾问团，支持引导退休专家和干部服务乡村振兴。落实中小学教师晋升高级职称原则上要有1年以上农村基层工作服务经历要求。国家建立医疗卫生人员定期到基层和艰苦边远地区从事医疗卫生工作制度。执业医师晋升为副高级技术职称的，应当有累计1年以上在县级以下或者对口支援的医疗卫生机构提供医疗卫生服务的经历。支持专业技术人才通过项目合作、短期工作、专家服务、兼职等多种形式到基层开展服务活动，在基层时间累计超过半年的视为基层工作经历，作为职称评审、岗位聘用的重要参考。对县乡事业单位专业性强的岗位聘用的高层次人才，可采取协议工资、项目工资、年薪制等灵活多样的分配方式，合理确定薪酬待遇。鼓励地方通过建设人才公寓、发放住房补助，允许返乡入乡人员子女在就业创业地接受学前教育、义务教育，解决好返乡入乡人员的居住和子女入学问题。完善社保关系转移接续机制，为返乡入乡人员及其家属按规定参加城镇职工基本养老保险、基本医疗保险提供便捷服务。

4. 健全鼓励人才向艰苦地区和基层一线流动激励制度

适当放宽在基层一线工作的专业技术人才职称评审条件。对长期在基层一线和艰苦边远地区工作的，加大爱岗敬业表现、实际工作业绩及工作年限等评价权重，落实完善工资待遇倾斜政策，激励人才扎根一线建功立业。推广医疗、教育人才"组团式"援疆援藏经验做法，逐步将人才"组团式"帮扶拓展到其他艰苦地区和更多领域。

5. 建立县域专业人才统筹使用制度

积极开展统筹使用基层各类编制资源试点，探索赋予乡镇更加灵活的用人自主权,鼓励从上往下跨层级调剂行政事业编制,推动资源服务管理向基层倾斜。推进义务教育阶段教师"县管校聘",推广城乡学校共同体、乡村中心校模式。加强县域卫生人才一体化配备和管理,在区域卫生编制总量内统一配备各类卫生人才,强化多劳多得、优绩优酬,鼓励实行"县聘乡用"和"乡聘村用"。

6. 完善乡村高技能人才职业技能等级制度

组织农民参加职业技能鉴定、职业技能等级认定、职业技能竞赛等多种技能评价。探索"以赛代评""以项目代评",符合条件可直接认定相应技能等级。按照有关规定对有突出贡献人才破格评定相应技能等级。

7. 建立健全乡村人才分级分类评价体系

坚持"把论文写在大地上",完善农业农村领域高级职称评审申报条件,探索推行技术标准、专题报告、发展规划、技术方案、试验报告等视同发表论文的评审方式。对乡村发展急需紧缺人才,可以设置特设岗位,不受常设岗位总量、职称最高等级和结构比例限制。

8. 提高乡村人才服务保障能力

完善乡村人才认定标准,做好乡村人才分类统计,加强乡村人才工作信息化建设,建立健全县乡村三级乡村人才管理网络。加强人才管理服务工作,大力发展乡村人才服务业,引导市场主体为乡村人才提供中介、信息等服务。

(三)做好实施保障措施

1. 加强组织领导

各级党委要将乡村人才振兴作为实施乡村振兴战略的重要任务,建立党委统一领导、组织部门指导、党委农村工作部门统筹协调、相关部门分工负责的乡村人才振兴工作联席会议制度。把乡村人才振兴纳入人才工作目标责任制考核和乡村振兴实绩考核。加强农村工作干部队伍的培养、配备、管理、使用，将干部培养向乡村振兴一线倾斜，选优配强涉农部门领导班子和市县分管乡村振兴的领导干部，注重提拔使用政治过硬、实绩突出的农村工作干部。

2. 强化政策保障

加强乡村人才振兴投入保障，支持涉农企业加大乡村人力资本开发投入。农村集体经营性建设用地和复垦腾退建设用地指标注重支持各类乡村人才发展新产业新业态。推进农村金融产品和服务创新，鼓励证券、保险、担保、基金等金融机构服务乡村振兴，引导工商资本投资乡村事业，带动人才回流乡村。

3. 搭建乡村引才聚才平台

加强现代农业产业园、农业科技园区、农村创业创新园区等平台建设，支持入园企业、科研院所等建设科研创新平台，完善科技成果转化、人才奖补等政策，引进高层次人才和急需紧缺专业人才。加强人才驿站、人才服务站、专家服务基地、青年之家、妇女之家等人才服务平台建设，为乡村人才提供政策咨询、职称申报、项目申报、融资对接等服务。

4. 制定乡村人才专项规划

对标实施乡村振兴战略需要，评估乡村人才供求总量和结构，细分乡村人才供求缺口，探索建立乡村人才信息库和需求目录。在摸清乡村人才现状基础上，制定乡村人才振兴规划，明确乡村人才振兴的总体要求、重点任务、政策措施，推动"三农"工作人才队伍建设制度化、规范化、常态化。

5. 营造良好环境

完善扶持乡村产业发展的政策体系，建好农村基础设施和公共服务设施，改善农村发展条件，提高农村生活便利化水平，吸引城乡人才留在农村。通过优秀人才评选、创新创业比赛、职业技能大赛等途径,每年选树一批乡村人才先进典型,按照规定给予表彰和政策扶持,引导乡村人才增强力争上游、务农光荣的思想观念。

典型案例 青年英才成为甘肃乡村振兴的"生力军"

从河北保定到北京,再到甘肃武威,作为中国农业大学博士毕业生,当初手上明明有更多待遇优渥的工作机会,却偏偏选择扎根西部、扎根基层,在黄土高原的田间地头搞科研。日前,在甘肃兰州,共青团甘肃省第十四次代表大会代表于海利的故事引起了人们的关注。

2022年,是于海利在武威工作的第7个年头。7年来,从事蔬菜病虫害绿色防控技术研发的他,和同事们先后引进以日光温室为主的适宜出口、抗逆性强、市场前景好、高效节水的新品种蔬菜7大类、74个品种;引进改进日光温室潮汐育苗技术、高垄膜下水肥耦合暗灌高产栽培技术;自主研发了在当地被广泛应用的日光温室表面水雾法降温技术、智能化软件精准施肥等技术;坚持下乡开展农技示范推广和技术服务工作,培训了一批又一批种植户和乡村技术员……

"农业现代化,关键是农业科技现代化。作为一名青年、一名基层农业科技工作者,我想通过自己的努力,不断强化科技对武威农业产业现代化的支撑,为武威的乡村振兴贡献力量。"今年刚入选甘肃省"陇原青年英才",担任武威市农业科学研究院瓜菜育种与栽培研究所副研究员、市青年人才团工委委员的于海利说。

乡村要振兴,人才是关键,尤其要重视并发挥好青年人才的

"生力军"作用。共青团甘肃省委有关负责人介绍,近年来,甘肃省各级共青团组织坚持围绕中心、服务大局,深入推进"青春扶贫"六大行动和"乡村振兴·青年建功"行动,组建8 100余支大学生志愿服务团队开展志愿扶贫活动2万场次;积极引导青年人才当先锋,鼓励他们在乡村振兴等领域展现青春风采、贡献青春力量。这些年,越来越多像于海利一样的优秀青年人才选择扎根农村,加入助力乡村振兴的队伍中。

2022年28岁的崔东辉,是一名"90后"返乡创业者。崔东辉的家乡西和县曾是甘肃的深度贫困县之一。"带动乡亲们一起致富一直是我的理想。看到家乡推进电商扶贫带来的变化后,2015年,我决定回乡创业。"崔东辉说。回到家乡后,他注册成立了陇上东辉农产品开发有限公司,投身到家乡的电商事业中。

参加共青团甘肃省委举办的"青春扶贫·能量助农"直播带货活动;创立自有品牌"小崔蜂蜜";吸纳未就业大学生和农村妇女就业;与农业银行甘肃省分行、兰州银行及多家企业签订帮扶协议;与西和县16家合作社、54家蜂农建立稳定合作关系……过去几年来,返乡创业的崔东辉一步一个脚印,在助脱贫、促振兴的道路上迈出了坚实的步伐。

西和是甘肃最后脱贫的8个贫困县之一,现在正处于巩固拓展脱贫攻坚成果、接续推进乡村振兴的关键阶段。"接下来,我将一如既往坚持扎根农村,继续扩大养蜂基地规模,建设标准化生产车间,更好带动乡亲们增收致富,全力助推家乡的乡村走向振兴。"崔东辉表示。

资料来源:鲁明.青年英才成为甘肃乡村振兴的"生力军".农民日报,2022-09-19。

第四章 乡村文化振兴

第一节 乡村文化的内涵和作用

一、乡村文化的内涵

文化有着丰富的含义。广义的文化包括价值、道德、习俗、知识、娱乐、物化文化（如建筑等）等，狭义的文化主要包括知识、娱乐等，但贯穿价值、道德、习俗等思想元素。总体上看，文化属于观念形态，是对人的精神的塑造。文化具有特殊的力量，能够提升人的认识，形成相互联结的精神纽带；能够凝聚人心，在共同的文化活动中消解困顿，赋予生活以意义、价值和快乐。

乡村文化是由乡村居民在长期生产、生活中形成的生活习惯、心理特征和文化习性，是乡村居民的信仰、操守、爱好、风俗、观念、习惯、传统、礼节和行为方式的总和，主要包括农村精神文明、农耕文化、乡风文明等。

（一）农村精神文明

农村精神文明是以社会主义核心价值观为引领，弘扬民族精神和时代精神，体现社会公德、职业道德、家庭美德、个人品德的思想文化阵地，各级政府通过文化服务中心、广播电视、电影放映、农家书屋、健身设施、文化志愿服务等形式和设施，向农村居民提供公共文化产品和服务。

(二) 农耕文化

农耕文化主要反映传统农业的思想理念、生产技术、耕作制度等农业生产方式的变迁，是农村社会的主要文化形态和主要精神资源，如"男耕女织"及传统的生产工具，田园风光及间作、混作、套作等生产技术，以及农业遗迹、灌溉工程遗产。农耕文化还具有多元性，如西南的梯田文化，北方的游牧文化，东北的狩猎文化，江南的圩田文化、蚕文化、茶文化等。

(三) 乡风文明

乡风文明则主要反映农村居民的生活方式、生活习俗等。如文物古迹、传统村落、民族村寨、传统建筑等生活空间；礼仪文化，如家庭为本、良好家风、中华孝道、尊祖尚礼、邻里和谐、勤俭持家等；民俗文化，如节庆活动（春节庙会、清明祭祖、端午赛龙舟、重阳登高等）、民间艺术（古琴、年画、剪纸等）、民间故事、民歌、船工号子等；传统美食和非物质文化遗产等。同时，基于农耕文化、乡风文明的保护传承，应将现代城市文明的价值理念与乡村特色文化产业发展相融合，不断赋予乡村文化新的时代内涵。

二、文化在乡村振兴中的作用

(一) 文化为乡村振兴凝聚精神动力

乡村振兴战略是一个城乡融合、协调推进、产业融合、文化守护和改革创新的国家战略，需要全党全社会的共同行动。要形成共同的行动，就需要充分发挥文化的功能和作用，通过宣传动员统一思想、形成共识、凝聚人心、整合力量。

一是引导全党全社会从战略高度认识实施乡村振兴战略的重要性。乡村振兴战略关系到全面小康社会的建成，关系到社会主

义现代化强国建设,实施乡村振兴战略,有利于解决我国城乡之间发展的不平衡、农村和农业发展不充分的问题。只有在思想上高度重视,才能在行动上做到高度自觉。

二是充分调动全党全社会特别是广大农民参与乡村振兴战略的积极性。农民是实施乡村振兴战略的主体和主力军,也是最重要的利益相关者。因此,我们必须大力加强对农民的宣传动员力度,让农民真正了解乡村振兴战略的政策内涵、具体措施、发展前景,认识到好政策与好生活的内在联系,最大限度地激发和调动农民的主动性、积极性和创造性,为实施乡村振兴战略提供强大的动力源泉。

为此,要发挥新闻媒体的主渠道作用,把乡村振兴战略贯穿到日常宣传中,多形态、多角度、全方位地宣传乡村振兴战略,形成的强大的舆论氛围;要充分利用农村的农家书屋、农村阅报栏、文化长廊、文化墙等阵地,广泛宣传乡村振兴战略,形成良好的学习氛围;要组成宣讲团队,用通俗易懂的语言、接地气的事例宣传乡村振兴战略,有针对性地解疑释惑、增强信心、凝聚共识;要利用广大农民自己喜欢的文化形式,采用生动形象的方式宣传乡村振兴战略,让乡村振兴战略入脑入心。

(二) 文化为乡村振兴提供产业发展动能

乡村振兴,既要塑形,也要铸魂。乡村文化振兴不仅是乡村振兴战略的应有之义,而且对于人才振兴、生态振兴、组织振兴具有重要引领和推动作用。

一是通过文化建设为乡村振兴提供智力支持。实施乡村振兴战略的主体和主力军是农民,农民素质的高低直接决定了乡村振兴战略的实施效果。文化的发展可以提高农民的思想道德水平、科技文化素质和生产技能,培养造就有文化、懂技术、会经营的新型农民,为乡村振兴提供智力支持。

二是通过文化建设推动乡村文化产业发展。具有鲜明区域特点和民族特色的乡村文化本身就是重要的文化资源，是乡村振兴的文化生产力。对于拥有丰富文化资源的乡村而言，要充分利用其文化资源，对于没有文化资源的乡村，则可通过文化再造的方式赋予其全新的文化价值和内涵，对乡村独特文化资源的开发和市场运作，可以形成独具特色的乡村文化产业。

三是通过文化建设推动文化与农业、旅游等产业融合发展。文化具有强渗透、强关联的效应，加强乡村文化建设，能够实现以"文"化产业，推进文化与农业、旅游业等产业的深度融合对接。深入挖掘乡村文化资源，可以赋予农产品乡村文化内涵，提高农产品文化品位。文化与旅游的融合，对具有鲜明区域特点乡村文化资源进行深度开发和利用，可以发展差异化的文化旅游产业。

(三) 文化为乡村振兴提供发展环境保障

通过文化建设形成良好的发展环境，能够有效地凝聚发展力量、激发市场活力和社会创造力，为乡村振兴提供坚实的环境保障。

一是以文化建设形成和谐稳定的社会环境。在乡村文化建设中，要注重深入挖掘乡村熟人社会蕴含的道德规范，结合时代要求进行创新。要充分利用文明乡风中的优秀传统文化，如家风、家训、村规民约、道德示范等，强化道德教化作用。引导农民向上向善、孝老爱亲、重义守信、勤俭持家。建立道德激励约束机制，引导农民自我管理、自我教育、自我服务、自我提高，做到家庭和睦、邻里和谐、干群融洽，实现乡村社会充满活力、安定有序，为乡村振兴提供和谐稳定的社会环境。

二是以文化建设形成诚实守信的市场环境。诚实守信的市场环境能够有效降低市场交易的成本，避免与减少生产经营活动中的利益冲突和矛盾，是一个地方综合竞争力的核心。在乡村文化建设中，要大力弘扬社会主义核心价值观，推进诚信建设，不断强化农民的社会责任意识和规则意识，形成重诚信、守承诺的良好市场环境。

三是以文化建设形成民风淳朴的人文环境。随着我国经济社会的发展，乡村社会文明程度也在不断提高，但仍存在因循守旧、人治思想根深蒂固、封建迷信活动等文化陋习，不利于乡村振兴战略的推行和实施。

因此，必须加强乡村文化建设，弘扬科学精神，普及科学知识，开展移风易俗、弘扬时代新风行动，倡导现代文明理念和生活方式，培育文明乡风、良好家风、淳朴民风，摒弃传统陋习，自觉抵制腐朽落后文化侵蚀，为乡村振兴提供民风淳朴的人文环境。

第二节　乡村文化振兴的重点领域

一、加强农村思想道德建设

持续推进农村精神文明建设，提升农民精神风貌，倡导科学文明生活，不断提高乡村社会文明程度。

(一) 筑牢理想信念之基

人民有信仰，国家有力量，民族有希望。信仰信念指引人生方向，引领道德追求。要坚持不懈用习近平新时代中国特色社会主义思想武装全党、教育人民，引导人们把握丰富内涵、精神实质、实践要求，打牢信仰信念的思想理论根基。在农村广泛开展理想信念教育，深化社会主义和共产主义宣传教育，深化中国特色社会主义和中国梦宣传教育，引导农民不断增强道路自信、理论自信、制度自信、文化自信,把共产主义远大理想与中国特色社会主义共同理想统一起来,把实现个人理想融入实现国家富强、民族振兴、人民幸福的伟大梦想之中。

(二)培育弘扬社会主义核心价值观

社会主义核心价值观是当代中国精神的集中体现,是凝聚中国力量的思想道德基础。习近平总书记强调,社会主义核心价值观是一个国家的重要稳定器,能否构建具有强大感召力的社会主义核心价值观,关系社会和谐稳定,关系国家长治久安。要采取符合农村特点的方式方法和载体,持续深化社会主义核心价值观宣传教育,增进认知认同、树立鲜明导向、强化示范带动,引导农民把社会主义核心价值观作为明德修身、立德树人的根本遵循。把社会主义核心价值观要求融入日常生活,使之成为人们日用而不觉的道德规范和行为准则。加强爱国主义、集体主义、社会主义教育,深化民族团结进步教育。以爱国主义为核心的民族精神和以改革创新为核心的时代精神,是中华民族生生不息、发展壮大的坚实精神支撑和强大道德力量。弘扬中国人民伟大创造精神、伟大奋斗精神、伟大团结精神、伟大梦想精神,倡导一切有利于团结统一、爱好和平、勤劳勇敢、自强不息的思想和观念,构筑中华民族共有的精神家园。注重典型示范,深入实施时代新人培育工程,推出一批新时代农民的先进模范人物。把社会主义核心价值观融入法治建设,推动公正文明执法司法,彰显社会主流价值。强化公共政策价值导向,探索建立重大公共政策道德风险评估和纠偏机制。

(三)加强农村思想道德阵地建设

推动基层党组织、基层单位、农村社区有针对性地加强农村群众性思想政治工作。加强对农村社会热点、难点问题的应对解读,合理引导社会预期。健全人文关怀和心理疏导机制,培育自尊自信、理性平和、积极向上的农村社会心态。深化文明村镇创建活动，进一步提高县级及以上文明村和文明乡镇的占比。广泛开展星级文明户、文明家庭等群众性精神文明创建活动。深入开展"扫黄打非"进基层。重视发挥社区教育作用，做好家庭教育，传承良好家风家训。完善文化科技卫生"三下乡"长效机制。

（四）倡导诚信道德规范

深入实施公民道德建设工程，推进社会公德、职业道德、家庭美德、个人品德建设。推进诚信建设，强化农民的社会责任意识、规则意识、集体意识和主人翁意识。建立健全农村信用体系，完善守信激励和失信惩戒机制。弘扬劳动最光荣、劳动者最伟大的观念。弘扬中华孝道，强化孝敬父母、尊敬长辈的社会风尚。广泛开展好媳妇、好儿女、好公婆等评选表彰活动，开展寻找"最美乡村教师、最美医生、最美村干部、最美人民调解员"等活动。深入宣传道德模范、身边好人的典型事迹，建立健全先进模范发挥作用的长效机制。

二、弘扬乡村优秀传统文化

乡村文化是乡村全面发展的有机组成部分，传承发展提升农村优秀文化是文化振兴的重要任务。要切实保护好优秀农耕文化遗产，推动优秀农耕文化遗产合理适度利用。深入挖掘农耕文化蕴含的优秀思想观念、人文精神、道德规范，充分发挥其在凝聚人心、教化群众、淳化民风中的重要作用。划定乡村建设的历史文化保护线，保护好文物古迹、传统村落、民族村寨、传统建筑、农业遗迹、灌溉工程遗产。支持农村地区优秀戏曲曲艺、少数民族文化、民间文化等传承发展。

（一）保护利用乡村传统文化

实施农耕文化传承保护工程，深入挖掘农耕文化中蕴含的优秀思想观念、人文精神、道德规范，充分发挥其在凝聚人心、教化群众、淳化民风中的重要作用。实施乡村经济社会变迁物证征藏工程，鼓励乡村史志修编。传承传统建筑文化，使历史记忆、地域特色、民族特点融入乡村建设与维护。实施传统文化乡镇、传统村落及传统建筑维修、保护和利用工程，划定乡村建设的历史文化保护线，分批次开展重点保护项目规划、设计、修复和建设，加强历史文化名镇、名村、传统民居、古树名木保护。支持农村地区优秀戏曲曲艺、少数民族文化、民间文化等传承发展。整理保护有地方特色的物质文化遗产，传承保护传统美术、戏剧、曲艺、民间舞蹈、杂技和民间传说等非物质文化遗产，鼓励支持非物质文化遗产传承人、其他文化遗产持有人开展传承、传播活动。完善非物质文化遗产保护制度，实施非物质文化遗产传承发展工程。

（二）重塑乡村文化生态

紧密结合特色小镇、美丽乡村建设，深入挖掘乡村特色文化符号，盘活地方和民族特色文化资源，走特色化、差异化发展之路。以形神兼备为导向，保护乡村原有建筑风貌和村落格局，把民族民间文化元素融入乡村建设，深挖历史古韵，弘扬人文之美，重塑诗意闲适的人文环境和田绿草青的居住环境，重现原生田园风光和原有乡情乡愁。引导企业家、文化工作者、退休人员、文化志愿者等投身乡村文化建设，丰富农村文化业态。

（三）发展乡村特色文化产业

加强规划引导、典型示范，挖掘培养本土人才，建设一批特色鲜明、优势突出的农耕文化产业展示区，打造一批特色文化产业乡镇、文化产业村和文化产业群。大力推动农村地区实施传统工艺振兴计划，培育形成具有民族和地域特色的传统工艺产品，促进传统工艺提高品质、形成品牌、带动就业。积极开发传统节日文化用品和武术、戏曲、舞龙、舞狮、锣鼓等民间艺术、民俗表演项目，促进文化资源与现代消费需求有效对接。推动文化、旅游与其他产业深度融合、创新发展。

三、强化乡村公共文化服务

推动城乡公共文化服务体系融合发展，增加优秀乡村文化产品和服务供给，活跃繁荣农村文化市场，为广大农民提供高质量的精神营养。按照有标准、有网络、有内容、有人才的要求，健全乡村公共文化服务体系。发挥县级公共文化机构辐射作用，推进基层综合性文化服务中心建设，实现乡村两级公共文化服务全覆盖，提升服务效能。深入推进文化惠民，公共文化资源要重点向乡村倾斜，提供更多更好的农村公共文化产品和服务。支持"三农"题材文艺创作生产，鼓励文艺工作者不断推出反映农民生产生活尤其是乡村振兴实践的优秀文艺作品，充分展示新时代农村农民的精神面貌。培育挖掘乡土文化本土人才，开展文化结对帮扶，引导社会各界人士投身乡村文化建设。活跃繁荣农村文化市场，丰富农村文化业态，加强农村文化市场监管。

（一）健全公共文化服务体系

推动县级图书馆、文化馆总分馆制，发挥县级公共文化机构辐射作用，加强基层综合性文化服务中心建设。完善农村新闻出版、广播电视公共服务覆盖体系，推进数字广播电视户户通，探索农村电影放映的新方法新模式，推进农家书屋延伸服务和提质增效。继续实施公共数字文化工程，积极发挥新媒体作用，使农民群众能便捷获取优质数字文化资源。完善乡村公共体育服务体系，推动村健身设施全覆盖。

（二）增加公共文化产品和服务供给

深入推进文化惠民，为农村地区提供更多更好的公共文化产品和服务。建立农民群众文化需求反馈机制,推动政府向社会购买公共文化服务,开展"菜单式""订单式"服务。加强公共文化服务品牌建设,推动形成具有鲜明特色和社会影响力的农村公共文化服务项目。开展文化结对帮扶。支持"三农"题材文艺创作生产,鼓励文艺工作者推出反映农民生产生活尤其是乡村振兴实践的优秀文艺作品。鼓励各级文艺组织深入农村地区开展惠民演出活动。加强农村科普工作,推动全民阅读进家庭、进农村,提高农民科学文化素养。

(三)广泛开展群众文化活动

完善群众文艺扶持机制,鼓励农村地区自办文化。加强基层文化队伍培训,培养一支懂文艺、爱农村、爱农民、专兼职相结合的农村文化工作队伍。传承和发展民族民间传统体育,广泛开展形式多样的农民群众性体育活动。鼓励开展群众性节日民俗活动,支持文化志愿者深入农村开展丰富多彩的文化志愿服务活动。活跃并繁荣农村文化市场,推动农村文化市场转型升级,加强农村文化市场监管。

第三节 乡村文化振兴的现实困境及实施路径

一、乡村文化振兴的现实困境

目前,乡村文化有衰落之势,农村人口日益增长的美好生活需要和不平衡不充分的发展之间的矛盾突出,乡村文化对乡村振兴战略难以发挥引领和推动作用。

(一)中华优秀传统文化的传承保护、培育利用不够

具体表现为:"种文化"工作力度不够,乡村文化资源大多仍处于沉睡状态,对文化创意产业的渗透性、关联性效应难以发

挥；与农业发展融合不够，田园综合体、休闲农场、农业庄园等乡村文化创意匮乏；与乡村建设融合不够，文化公园、文化博物馆、艺术村等较少；与乡村旅游发展融合不够，历史文化名村、传统古村落的文化旅游价值挖掘滞后；非物质文化遗产保护工作任务依然较重。

(二) 乡村公共文化设施薄弱、文化活动较少

随着人民物质生活由温饱向小康转变，乡村人更加关注文化小康，物质生活与文化生活的不对称、物质获得感和文化获得感的不均衡问题逐步凸显。目前，乡村尚难以提供像城市一样丰富的文化设施和文化生活，长期在城市务工的乡村人尤其是年轻人对目前的乡村生活不习惯、不适应。各级政府和社会各界"送文化"活动也难以消除留守的乡村老人的精神孤寂。

二、乡村文化振兴的实施路径

(一) 重构乡村文化振兴的理念

在乡村文化振兴的实践中，重构乡村文化振兴的理念，是推动乡村文化繁荣发展的重要前提。

1. 正确处理传统与现代的关系

传统乡村向现代社会的演进中，要正确认识传统与现代的关系，吸收和接纳现代的文化理念、方式和载体，与传统乡村文化有机融合，借助现代方式传承优秀文化，通过文化传承和弘扬，建立乡村文化的主体性。要在乡村文化的建设进程中，选择展现乡土文化要义、内涵和气质的优秀文化进行保护传承，构建新时代下文化建设的基础和核心。

2. 把握乡村文化振兴的本义

乡村文化振兴的根本是重建乡村文化秩序，核心就是通过文化秩序的建设，培育农民的价值、伦理和道德的认知，塑造出新

的乡土文化体系。因此,需要从外源型乡土文化建设,向内外结合的方向转换,更加注重激活乡村文化的潜在资源,培育乡村文化振兴的内生动力。

3. 加快推进文化体系的融合统一

当前农民受到现代市场文化、传统乡土文化和现代国家民族文化等多重文化的影响,这些文化体系尚未融合统一,作为社会的个体也难以准确找到价值和行为的定位,尽快整合不同的文化体系,形成统一的引导力和规范力,是乡村文化振兴的重要基础工作。

(二)把乡土文化的传承弘扬融入日常实践

乡村文化的振兴要切合乡村社会实际,以多元化方式,推动优秀乡土文化的传承,建立符合农民需求的乡村文化振兴方式。

1. 要把文化建设融入日常实践

要把文化融入农民交往、活动开展、农业劳动、政策执行中,培育农民的文化感情和热情,主动传承和践行优良的乡风、民风和家风,改善乡村文化风貌。依托春节、端午节等重大节日,组织开展积极向上的文艺活动。要丰富农民的闲暇文化生活,抵制各种不良风气,积极组织开展具有集体性、时代性和聚合性的文化活动。

2. 要以社会主义先进文化引领

社会主义先进文化是中国传统文化的精髓,也具有极强的时代性和先进性,要充分发挥其具有的引领和促进作用,推动优秀文化的传承发展,弘扬积极向上的时代精神,推进新的家庭美德、职业道德建设,建立起农民的公平、正义观念,抵制保守、自私和自利的价值取向,形成新时代乡村的价值观和秩序体系。

(三)构造乡村文化振兴的经济支撑

要推动文化与经济、产业的融合,创新的文化传承模式,推动文化的转化创新，为乡村文化建设提供经济支撑。

1. 充分利用文化资源，发展特色产业

对于自然资源丰富的农村，要进行资源的适度开发利用，融入区域文化产业布局中，发展观光、休闲、住宿、餐饮等一体的文旅产业；对历史文化资源丰富的地区，可发展体验、观光、展示、购物等一体化的文创产业；对一般普通农业型村庄，可发展采摘、订单、加工等农业，提高农产品附加值，以资源转化构建文化振兴的经济基础。

2. 建立农民综合性合作组织，带动乡村文化建设

促进各类新型农业经营主体的高质量发展，推动成立农业联合体和综合体，增强农业经济合作组织在文化振兴、社会建设等方面的功能，以经济合作为切入点，带动文化振兴，重塑社会关联，重构社会共同体。

3. 培育区域文化品牌，营造文化感染力

要注重培育文化品牌村和品牌文化项目，提升特色村的文化内涵和文化品质，以文化来引领乡村高质量建设，以高品质乡村涵养优秀文化。

(四) 加大本土文化人才的培育力度

要加大本土人才培育力度，建立起热爱农村、热爱家乡，能够留在农村，致力于建设农村的文化人才队伍。

1. 加强乡村文化骨干人才的培育

把乡村党员干部队伍作为文化振兴的主要推动者和引领者，在党员干部队伍中培养文化积极分子、文艺骨干，不断发挥并完善以地方性文化精英为代表的传统权力文化的作用，重视文化传播代理人的能动性功效。

2. 完善乡村文化人才的培育方式

依托乡村成人学校、文艺培训班等，推动乡村成人教育的发

展,提升农民的文化素养,丰富农民的文化生活。建立乡村本土文化人才培训基地、认定文艺骨干、建立非遗示范区等,推动乡村本土文化人才的集聚化培育和发展。

3. 推动乡村本土文艺组织建设

推动乡村文化组织的建设,建立乡村老年人文化协会、农村舞蹈队、农民文艺协会、农民理事会等,促进以文化振兴为目标的现代社会组织的发展,以组织的形式来动员、培养和开发文化人才,引导留在乡村的老年人、中坚农民和妇女等参与到文化组织中,提升农民对本地优秀乡土文化的情感和认同性,并自觉践行和传承乡村文化的优秀内容。

典型案例 激活文化活力 赋能乡村振兴

安塞区位于陕西省延安市北部,是"为人民服务"的发祥地、"党员承诺制"的发起地,是保留、传承中华民族古老文化最集中、最典型、最具有代表性的区域之一,是全国文化先进县区,被文化和旅游部命名为"中国民间文化艺术之乡"。近年来,安塞区以建设"乡村振兴示范区、文化旅游引领区"为目标,充分依托文化资源厚重优势,把发展文化旅游产业作为乡村振兴的有效抓手,将文化植入旅游、用旅游承载文化,着力构建"两点两线"为核心的文旅融合发展新格局,有力推动了乡村文化振兴。

健全文化服务体系,夯实文化振兴基础。立足于满足多样化、多层次群众文化需求,加强基层文化阵地建设,使公共文化服务均等化、标准化有力推进,人民群众基本文化权益得到有效保障。目前,建成1个国家一级文化艺术馆、2个文化馆分馆、3个民俗博物馆、1个图书馆及3个图书馆分馆、129个农家书屋、9个基层综合文体中心、78个村级文化服务中心、12个文化大院、28个文化中心户。区文化艺术馆建成"云上展览"，年均送戏下乡190余场、送书2 000余册、放映电影200余场，让群众线上、线下同样享受优质文化服务。先后举办腰鼓、民歌、剪纸、民间绘画、陕北说书等各类培训55期（次），培训民歌手360余人次、腰鼓学员5 000余名、剪纸学员800人次，其中15名民歌手走上了央视"星光大道"舞台。有效带动了全区文艺人才传承和发展。

弘扬优秀传统文化，提升乡村文化自信。从不断满足人民群众的精神文化生活需求出发，结合地方特色文化，积极开展丰富多彩的群众性文化活动，让优秀文化渗透在人民生活的方方面面，从而提升文化自信。先后举办了中国艺术节"鼓舞安塞"、延安市首届"乡村春晚""陕北过大年""中国安塞黄土风情文化艺术节""鼓舞安塞"春节系列文化等活动。全面启动第七次全国县级以上公共图书馆评估定级工作。推荐2名省级传承人为第六批国家级非物质文化遗产代表性传承人，向国家非物质文化遗产馆报送10幅安塞剪纸代表性作品，7件与安塞腰鼓相关的物品作为征集国家级非遗项目藏品。结合"文化三下乡"活动，组织区"两馆"、演出队伍深入基层，深入农户，开展"书香安塞"送书下乡和文艺巡回演出等活动100余场。全区60%的建制村有秧歌、腰鼓、民歌组织，有90多个唢呐、民歌、曲艺、书法、文学、绘画等各种文化活动兴趣小组，农闲时间能随时组团表演。2022年9月，安塞区将以"喜迎二十大 放歌新时代"为主题，精心筹备"陕西省第四届陕北民歌大赛""全国鼓舞鼓乐展演暨第十六届中国民间文艺山花奖初评"活动。

加强对外文化交流，展现独特文化魅力。安塞区被文化和旅游部命名为"中国民间文化艺术之乡""全国文化先进县区"，

第四章 乡村文化振兴

先后被授予中国"腰鼓之乡""剪纸之乡""民间绘画之乡""民歌之乡",被中国曲艺家协会授予"曲艺之乡"。依托特色文化资源,安塞区持续加强文化交流,组织参加了上海国际艺术节、2019央视春晚、国庆70周年庆典、第十四届全运会开幕式等大型文化活动,迎接了荷兰、法国等国家元首访华,多次组团到德国、意大利等进行文化交流,安塞文化的国际知名度持续提升。同时,加大与文化先进县区及周边地区的文化交流力度,持续办好"西部民歌大赛""鼓文化艺术节""乡村旅游节"等活动,在中央电视台、新华社、陕西电视台等主流媒体大力宣传,创作《魅力鼓乡 艺术热土》《我为安塞代言》《安塞剪纸姑娘》《黄土地上的歌声》《为你而来 鼓乡安塞》等一批网络传播精品短视频,扩大安塞文化旅游知名度和美誉度,极大地展现乡村文化价值,筑牢了乡村文化振兴根基。

繁荣乡村文艺创作,积极培育文明乡风。大力发掘乡村中的文化历史,塑造文化品牌形象,涵养积极向上的乡风、家风、民风,不断加强艺术创作,讲好安塞故事、传播安塞好声音。今年以来,选送大型剪纸《凤戏牡丹》《大美延安》《苹果红了 我们富了》3幅代表作品参与上海举办的"百年百艺 薪火相传"中国传统工艺邀请展。以全国劳模、二十大代表张莲莲植树绿化为素材,创编《大山的女儿》歌舞剧1部、歌曲10余首、改编小戏小品1部。区作家协会开展"书写新时代乡村巨变"主题采访活动,组织市、区40多位文学爱好者下乡采访,创作诗歌、散文、报告文学作品40多篇,反映乡村变化。2022年6月,安塞区委宣传部举行"礼赞新时代、唱响新民歌、聚文艺力量、助乡村振兴""张思德精神文明实践示范员""张思德精神文艺志愿服务队"等活动,开展文艺展演、非遗传承、乡村振兴、文明新风等各类文艺活动497场(次),展现乡村振兴时代背景下农村新气象。同时,各镇街充分利用农村农家书屋、阅报栏、文化长廊、文化墙等阵地,创新推出张思德精神文明实践示范员项目、鼓乡好家户、鼓乡云播、"四到村户"和张思德精神文艺志愿服务队等文明实践品牌,持续推进农村移风易俗,推动形成文明乡风、良好家风、淳朴民风。

坚持文旅整合发展,旅游带动乡村振兴。坚持"文化旅游带动"发展战略,着力构建"两点两线"为核心的文旅融合发展新格局,按照"文化旅游+农业农村+乡村振兴"融合发展的思路,采取农旅结合、文旅结合、文农旅结合的模式,在高桥镇南沟景区,先后举办了中国农民丰收节、"生如夏花 油菜花节"主题活动、乡村旅游节等文化艺术活动,推动旅游产业、原生态产业、传统技艺、乡土特色与文化产业融合发展,积极开发假日亲子团旅游、家庭自然康养、牧场生活体验等休闲观光项目。累计接待游客200余万人次,接待前来考察学习的单位和组织达100多批,6 000多人次。同时,积极鼓励引导群众参与入股景区沙地摩托、苹果矮化密植园、小木屋生态酒店、停车场、VR体验馆等旅游项目,多渠道促进群众增加收入。目前,建成了高桥镇南沟、化子坪镇小南沟、金明街道办徐家沟等集垂钓、烧烤、特色餐饮、民宿、水上娱乐等为一体的一批乡村旅游示范村,全区1 870名文化技能人员受益,间接带动9 600余人就业,实现了文旅促振兴的目标。2022年将完成南沟景区、冯家营腰鼓文化村国家4A级景区创建,完成西营民俗文化村、腰鼓山景区、中央军委二局旧址国家3A级景区创建。

如今,安塞区发挥文化优势,激活文化活力,助推乡村振兴的成效正在日益凸显。截至目前,安塞区已建成2个国家3A级旅游景区、3个省级乡村旅游示范村、2个市级乡村旅游示范村、1家特色民宿、1个中国美丽休闲乡村、2个省级美丽宜居示范村,累计从事文化艺术的人才达2.9万人,间接带动脱贫群众4 600余人就业,年人均增收8 200元以上。有1万余人通过种植特色农产品发展乡村旅游,在乡村旅游地开办农家乐、摆设摊点等形式实现了致富。文化繁荣、乡风文明、产业兴旺,乡村振兴的美丽画卷正在安塞大地上徐徐铺展……

资料来源:安塞区乡村振兴局.陕西安塞:激活文化活力 赋能乡村振兴.中国网,2022-08-05。

第五章 乡村生态振兴

第一节 乡村生态振兴的内涵和作用

一、乡村生态振兴的内涵

乡村生态振兴是一项系统工程,既涉及农村山水林田湖草等自然生态系统的保护和修复,也涉及农业生产方式和农民生活方式等人居环境。

乡村生态振兴有四大目标。一是农村生态系统健康目标。提高乡村生态系统的生产力、恢复力和活力,维持生物多样性,重点面向农业生态脆弱区和重要生态功能区,以整体、系统保护为原则,降低人为扰动和利用强度。二是农业资源高效利用目标。有效保护和合理开发水、土、草原、森林等重要农业资源,提高资源质量。推广环境友好型种养品种和模式,采用节水、节地、节能技术和农业废弃物资源化利用模式,提高资源利用率和产出率。三是农业环境污染治理目标。以农村土壤污染、水污染控制为重点,持续推进农业化学投入品减量和替代,加强重金属污染区的种植结构调整和土壤修复,提高农业生产清洁化程度和农业环境的自我修复能力。四是农民居住环境改善目标。以"厕所革命"、农村垃圾和污水治理以及村容村貌提升为主攻方向,严格防控工业、城镇污染向农村转移。

二、乡村生态振兴的作用

(一) 生态振兴是改善乡村生态环境的有力举措

经过改革开放 40 多年来的建设,我国经济社会得到了长足发展,城乡面貌发生了翻天覆地的变化,但与此同时,也付出了一定的自然资源和生态环境代价,尤其是广大乡村地区。随着城镇化的进程和工业化发展,原有的自然生态面貌受到破坏,自然和生态环境问题凸显,越来越成为影响乡村发展和振兴的主要因素。相对于城市而言,农村地区的生态环境条件本应具有一定优势,但从现实来看并非如此。不具备良好的生态环境,乡村的健康可持续发展就无从谈起,乡村振兴也无法真正实现,农村也唯有在科学解决生态环境问题的基础上,才能实现绿色发展和健康发展。生态振兴是解决我国乡村生态环境危机的重要举措,是有效治理乡村环境污染、维持生态系统稳定平衡的有效途径,乡村生态振兴的本质就是要处理好生态环境的保护与乡村经济发展的关系,将"绿水青山就是金山银山"的理念落到实处,实现农村富与环境美相统一,为顺利推进乡村全面振兴奠定扎实的生态环境基础。

(二) 生态振兴是实现乡村全面振兴的绿色根基

生态环境的改善是乡村实现全面振兴的关键和基础所在。乡村生态振兴在乡村振兴战略五大振兴体系中起到根基性作用,是整个乡村振兴战略得以顺利推进的基础保证。发展生态产业,推进产业转型升级和产业融合发展,有助于推动产业振兴;借助美丽乡村生态和优越的生态宜居环境,吸引人才回归乡村,有助于推动人才振兴;在乡村生态环境得到改善、优良的传统乡风民俗得到深入继承和弘扬时,能够进一步推动文化振兴;生态环境基础得到巩固,有利于基层党员干部将更多精力用到加强基层治理和加强组织建设上来，有利于巩固组织振兴。因此，生态振兴对乡村全面振兴起到基础性和全局性的影响作用，对乡村产业、人才吸引、文化传承和组织功能发挥起到至关重要的影响作用，是实现乡村全面振兴的关键前提和重要保证。

(三) 生态振兴是践行生态文明战略的必然选择

生态文明是人类文明发展到一定阶段的产物，是反映人与自然和谐程度的新型文明形态。我国乡村地域广阔，占据着大部分的生态功能区，并且山水林田湖草这些生态组成主要分布在乡村地区，可以说，乡村生态是整个国家生态文明建设的重要体现，乡村生态环境是我国整个生态系统的重要组成部分。乡村生态关乎农业农村发展，关乎我国新时代生态文明建设目标的实现。乡村生态振兴，就是要在发展乡村、建设乡村的同时，毫不动摇地贯彻习近平生态文明思想，以生态文明理念来推进新农村建设，坚持生态优先和绿色可持续的发展理念，牢牢把握人与自然和谐共生这一原则，有效解决好乡村发展过程中产生的环境污染问题，保护生态系统的平衡稳定，打造环境美、生态好、百姓富的社会主义生态宜居新农村，以乡村生态建设为抓手，推动乡村全面振兴。

第二节 乡村生态振兴的重点领域

一、发展绿色农业

绿色农业是指将农业生产和环境保护协调起来，在促进农业发展、增加农户收入的同时保护环境、保证农产品的绿色无污染的农业发展类型。绿色农业涉及生态物质循环、农业生物学技术、营养物综合管理技术、轮耕技术等多个方面，是一个涉及面很广的综合概念。

（一）推进化肥农药减量增效

推进化肥减量增效。技术集成驱动，以化肥减量增效为重点，集成推广科学施肥技术。在粮食主产区、园艺作物优势产区和设施蔬菜集中产区，推广机械施肥、种肥同播等措施，示范推广缓释肥、水溶肥等新型肥料，改进施肥方式。有机肥替代推动，以果菜茶优势区为重点推动粪肥还田利用，减少化肥用量，增加优质绿色产品供给。引导地方加大投入，在更大范围推进有机肥替代化肥。新型经营主体带动，培育扶持一批专业化服务组织，开展肥料统配统施社会化服务。鼓励农企合作推进测土配方施肥。

推进农药减量增效。推行统防统治，扶持一批病虫防治专业化服务组织，开展统防统治，带动群防群治，提高防治效果。推行绿色防控，在园艺作物重点区域，集成推广生物防治、物理防治等绿色防控技术，引导创建绿色生产基地，培育绿色品牌，带动更大范围绿色防控技术推广。推广新型高效植保机械，支持创制推广喷杆喷雾机、植保无人机等先进的高效植保机械，提高农药利用率。推进科学用药，开展农药使用安全风险评估，推广应用高效低毒低残留新型农药，逐步淘汰高毒、高风险农药。构建农作物病虫害监测预警体系，建设一批智能化、自动化田间监测网点，提高重大病虫疫情监测预警水平。

（二）促进畜禽粪污和秸秆资源化利用

推进养殖废弃物资源化利用。健全畜禽养殖废弃物资源化利用制度，严格落实畜禽养殖污染防治要求，完善绩效评价考核制度和畜禽养殖污染监管制度，加快构建畜禽粪污资源化利用市场化机制，促进种养结合，推动畜禽粪污处理设施可持续运行。加强畜禽粪污资源化利用能力建设。建立畜禽粪污收集、处理、利用信息化管理系统,持续开展畜禽粪污资源化利用整县推进,建设粪肥还田利用种养结合基地,培育发展畜禽粪污能源化利用产业。推进绿色种养循环,探索建立粪肥运输、使用激励机制,培育粪肥还田社会化服务组织,推行畜禽粪肥低成本、机械化、就地就近还田。减少养殖污染排放,推进水产健康养殖,减少养殖尾水排放。鼓励因地制宜制定地方水产养殖尾水排放标准。

推进秸秆综合利用。促进秸秆肥料化,集成推广秸秆还田技术,改造提升秸秆机械化还田装备。在东北平原、华北平原、长江中下游地区等粮食主产区,系统性推进秸秆粉碎还田。促进秸秆饲料化,鼓励养殖场和饲料企业利用秸秆发展优质饲料,将畜禽粪污无害化处理后还田,实现过腹还田、变废为宝。促进秸秆燃料化,有序发展以秸秆为原料的生物质能,因地制宜发展秸秆固化、生物炭等燃料化产业,逐步改善农村能源结构。推进粮食烘干、大棚保温等农用散煤清洁能源替代。促进秸秆基料化和原料化,发展食用菌生产等秸秆基料,引导开发人造板材、包装材料等秸秆原料产品,提升秸秆附加值。培育秸秆收储运服务主体,建设秸秆收储场(站、中心),构建秸秆收储和供应网络。建立健全秸秆资源台账,强化数据共享应用。严格禁烧管控,防止秸秆焚烧带来区域性大气污染。

(三)加强白色污染治理

推进农膜回收利用。落实严格的农膜管理制度,加强农膜生产、销售、使用、回收、再利用等环节管理。推广普及标准地膜,开展地膜覆盖技术适宜性评估,因地制宜调减作物覆膜面积。强化市场监管,禁止企业生产、采购、销售不符合国家强制性标准的地膜。积极探索推广环境友好生物可降解地膜。促进废旧地膜加工再利用,培育专业化农膜回收主体,发展废旧地膜机械化捡拾,建设农膜储存加工场点。建立健全农膜回收利用机制，在西北地区支持一批用膜大县整县推进农膜回收，加强长江经济带农膜回收利用，健全回收网络体系。开展区域农膜回收补贴制度试点，探索建立地膜生产者责任延伸制度。建立健全农田地膜残留监测点，开展常态化、制度化监测评估。

推进包装废弃物回收处置。严格农药包装废弃物管理，按照"谁生产、经营，谁回收"的原则，建立农药生产者、经营者包装废弃物回收处置责任。鼓励采取押金制、有偿回收等措施，引导农药使用者交回农药包装废弃物。以农资经销店为依托合理布局回收站点，完善农药包装废弃物回收体系，推进农药包装废弃物资源化利用和无害化处置。加强农药包装废弃物回收处理监管。合理处置肥料包装废弃物，对有再利用价值的肥料包装废弃物进行再利用，促进包装废弃物减量；无利用价值的纳入农村生活垃圾处理体系集中处理。

二、持续改善农村人居环境

农村人居环境以建设美丽宜居村庄为导向，以农村垃圾处理、污水治理和村容村貌提升为重点，旨在加快补齐乡村人居环境领域短板，并建立健全可持续的长效管护机制。2021年12月，中共中央办公厅、国务院办公厅印发的《农村人居环境整治提升五年行动方案（2021—2025年）》中明确指出，以农村厕所革命、生活污水垃圾治理、村容村貌提升为重点，巩固拓展农村人居环境整治三年行动成果，全面提升农村人居环境质量，为全面推进乡村振兴、加快农业农村现代化、建设美丽中国提供有力支撑。

（一）扎实推进农村厕所革命

1. 逐步普及农村卫生厕所

新改户用厕所基本入院，有条件的地区要积极推动厕所入室，新建农房应配套设计建设卫生厕所及粪污处理设施设备。重点推动中西部地区农村户厕改造。合理规划布局农村公共厕所，加快建设乡村景区旅游厕所，落实公共厕所管护责任，强化日常卫生保洁。

2. 切实提高改厕质量

科学选择改厕技术模式，宜水则水、宜旱则旱。技术模式应至少经过一个周期试点试验，成熟后再逐步推开。严格执行标准，把标准贯穿于农村改厕全过程。在水冲式厕所改造中积极推广节水型、少水型水冲设施。加快研发干旱和寒冷地区卫生厕所适用技术和产品。加强生产流通领域农村改厕产品质量监管，把好农村改厕产品采购质量关，强化施工质量监管。

3. 加强厕所粪污无害化处理与资源化利用

加强农村厕所革命与生活污水治理有机衔接，因地制宜推进厕所粪污分散处理、集中处理与纳入污水管网统一处理，鼓励联户、联村、村镇一体处理。鼓励有条件的地区积极推动卫生厕所改造与生活污水治理一体化建设，暂时无法同步建设的应为后期建设预留空间。积极推进农村厕所粪污资源化利用，统筹使用畜禽粪污资源化利用设施设备，逐步推动厕所粪污就地就农消纳、综合利用。

（二）加快推进农村生活污水治理

1. 分区分类推进治理

优先治理京津冀、长江经济带、粤港澳大湾区、黄河流域及水质需改善控制单元等区域，重点整治水源保护区和城乡接合部、乡镇政府驻地、中心村、旅游风景区等人口居住集中区域农村生活污水。开展平原、山地、丘陵、缺水、高寒和生态环境敏感等典型地区农村生活污水治理试点，以资源化利用、可持续治理为导向，选择符合农村实际的生活污水治理技术，优先推广运行费用低、管护简便的治理技术，鼓励居住分散地区探索采用人工湿地、土壤渗滤等生态处理技术，积极推进农村生活污水资源化利用。

2. 加强农村黑臭水体治理

摸清全国农村黑臭水体底数，建立治理台账，明确治理优先序。开展农村黑臭水体治理试点，以房前屋后河塘沟渠和群众反映强烈的黑臭水体为重点，采取控源截污、清淤疏浚、生态修复、水体净化等措施综合治理，基本消除较大面积黑臭水体，形成一批可复制可推广的治理模式。鼓励河长制湖长制体系向村级延伸，建立健全促进水质改善的长效运行维护机制。

(三) 全面提升农村生活垃圾治理水平

1. 健全生活垃圾收运处置体系

根据当地实际，统筹县乡村三级设施建设和服务，完善农村生活垃圾收集、转运、处置设施和模式，因地制宜采用小型化、分散化的无害化处理方式，降低收集、转运、处置设施建设和运行成本，构建稳定运行的长效机制，加强日常监督，不断提高运行管理水平。

2. 推进农村生活垃圾分类减量与利用

加快推进农村生活垃圾源头分类减量，积极探索符合农村特点和农民习惯、简便易行的分类处理模式，减少垃圾出村处理量，有条件的地区基本实现农村可回收垃圾资源化利用、易腐烂垃圾和煤渣灰土就地就近消纳、有毒有害垃圾单独收集贮存和处置、其他垃圾无害化处理。有序开展农村生活垃圾分类与资源化利用示范县创建。协同推进农村有机生活垃圾、厕所粪污、农业生产有机废弃物资源化处理利用，以乡镇或村为单位建设一批区域农村有机废弃物综合处置利用设施，探索就地就近就农处理和资源化利用的路径。扩大供销合作社等农村再生资源回收利用网络服务覆盖面，积极推动再生资源回收利用网络与环卫清运网络合作融合。协同推进废旧农膜、农药肥料包装废弃物回收处理。积极探索农村建筑垃圾等就地就近消纳方式，鼓励用于村内道路、入户路、景观等建设。

（四）推动村容村貌整体提升

1. 改善村庄公共环境

全面清理私搭乱建、乱堆乱放，整治残垣断壁，通过集约利用村庄内部闲置土地等方式扩大村庄公共空间。科学管控农村生产生活用火，加强农村电力线、通信线、广播电视线"三线"维护梳理工作，有条件的地方推动线路违规搭挂治理。健全村庄应急管理体系，合理布局应急避难场所和防汛、消防等救灾设施设备，畅通安全通道。整治农村户外广告，规范发布内容和设置行为。关注特殊人群需求，有条件的地方开展农村无障碍环境建设。

2. 推进乡村绿化美化

深入实施乡村绿化美化行动，突出保护乡村山体田园、河湖湿地、原生植被、古树名木等，因地制宜开展荒山荒地荒滩绿化，加强农田（牧场）防护林建设和修复。引导鼓励村民通过栽植果蔬、花木等开展庭院绿化，通过农村"四旁"（水旁、路旁、村旁、宅旁）植树推进村庄绿化，充分利用荒地、废弃地、边角地等开展村庄小微公园和公共绿地建设。支持条件适宜地区开展森林乡村建设，实施水系连通及水美乡村建设试点。

3. 加强乡村风貌引导

大力推进村庄整治和庭院整治，编制村容村貌提升导则，优化村庄生产生活生态空间，促进村庄形态与自然环境、传统文化相得益彰。加强村庄风貌引导，突出乡土特色和地域特点，不搞千村一面，不搞大拆大建。弘扬优秀农耕文化，加强传统村落和历史文化名村名镇保护,积极推进传统村落挂牌保护,建立动态管理机制。

三、保护和修复农村生态系统

大力实施乡村生态保护与修复重大工程,完善重要生态系统保护制度,促进乡村生产生活环境稳步改善,自然生态系统功能和稳定性全面提升,生态产品供给能力进一步增强。

(一)实施重要生态系统保护和修复重大工程

统筹山水林田湖草系统治理,优化生态安全屏障体系。大力实施大规模国土绿化行动,全面建设三北、长江等重点防护林体系,扩大退耕还林还草规模,巩固退耕还林还草成果,推动森林质量精准提升,加强有害生物防治。稳定扩大退牧还草实施范围,继续推进草原防灾减灾、鼠虫草害防治、严重退化沙化草原治理等工程。保护和恢复乡村河湖、湿地生态系统,积极开展农村水生态修复,连通河湖水系,恢复河塘行蓄能力,推进退田还湖还湿、退圩退垸还湖。大力推进荒漠化、石漠化、水土流失综合治理,实施生态清洁小流域建设,推进绿色小水电改造。加快国土综合整治,实施农村土地综合整治重大行动,推进农用地和低效建设用地整理以及历史遗留损毁土地复垦。加强矿产资源开发集中地区特别是重有色金属矿区地质环境和生态修复,以及损毁山体、矿山废弃地修复。加快近岸海域综合治理,实施蓝色海湾整治行动和自然岸线修复。实施生物多样性保护重大工程,提升各类重要保护地保护管理能力。加强野生动植物保护,强化外来入侵物种风险评估、监测预警与综合防控。开展重大生态修复工程气象保障服务,探索实施生态修复型人工增雨工程。

(二)健全重要生态系统保护制度

完善天然林和公益林保护制度,进一步细化各类森林和林地的管控措施或经营制度。完善草原生态监管和定期调查制度，严格实施草原禁牧和草畜平衡制度，全面落实草原经营者生态保护主体责任。完善荒漠生态保护制度，加强沙区天然植被和绿洲保护。全面推行河长制湖长制，鼓励将河长湖长体系延伸至村一级。推进河湖饮用水水源保护区划定和立界工作，加强对水源涵养区、蓄洪滞涝区、滨河滨湖带的保护。严格落实自然保护区、风景名胜区、地质遗迹等各类保护地保护制度，支持有条件的地方结合国家公园体制试点，探索对居住在核心区域的农牧民实施生态搬迁试点。

(三) 健全生态保护补偿机制

加大重点生态功能区转移支付力度，建立省以下生态保护补偿资金投入机制。完善重点领域生态保护补偿机制，鼓励地方因地制宜探索通过赎买、租赁、置换、协议、混合所有制等方式加强重点区位森林保护，落实草原生态保护补助奖励政策，建立长江流域重点水域禁捕补偿制度，鼓励各地建立流域上下游等横向补偿机制。推动市场化多元化生态补偿，建立健全用水权、排污权、碳排放权交易制度，形成森林、草原、湿地等生态修复工程参与碳汇交易的有效途径，探索实物补偿、服务补偿、设施补偿、对口支援、干部支持、共建园区、飞地经济等方式，提高补偿的针对性。

(四) 发挥自然资源多重效益

大力发展生态旅游、生态种养等产业，打造乡村生态产业链。进一步盘活森林、草原、湿地等自然资源，允许集体经济组织灵活利用现有生产服务设施用地开展相关经营活动。鼓励各类社会主体参与生态保护修复，对集中连片开展生态修复达到一定规模的经营主体，允许在符合土地管理法律法规和土地利用总体规划、依法办理建设用地审批手续、坚持节约集约用地的前提

第五章 乡村生态振兴

下,利用1%~3%治理面积从事旅游、康养、体育、设施农业等产业开发。深化集体林权制度改革,全面开展森林经营方案编制工作,扩大商品林经营自主权,鼓励多种形式的适度规模经营,支持开展林权收储担保服务。完善生态资源管护机制,设立生态管护员工作岗位,鼓励当地群众参与生态管护和管理服务。进一步健全自然资源有偿使用制度,研究探索生态资源价值评估方法并开展试点。

第三节 乡村生态振兴的现实困境及实施路径

一、乡村生态振兴的现实困境

(一) 生态文明意识欠缺

农民是乡村生态振兴的主体,调动农民首创精神为乡村生态建设服务是很有必要的。习近平总书记强调,要充分尊重农民真实意愿,发挥农民主体作用,调动农民的积极性、主动性、创造性,以农民之力推动乡村振兴,以此来推进农村发展迈上新的台阶,促进广大农民共同富裕。说明党中央把农民需求放在首位,让农民主动参与乡村建设,激发乡村发展活力。然而,作为乡村生态振兴的主体,农民的生态文明意识总体上看比较欠缺,具体表现在以下几个方面。一是农民的生态文明知识比较欠缺。由于乡村经济发展水平相对落后,大部分农民受教育程度偏低,部分受教育程度较高的农民一般也选择外出务工,加之他们平时很少有机会接受生态文明方面的教育和培训,这样导致农民整体上生态文明知识比较欠缺。二是农民的生态责任意识比较欠缺。大部分农民依然没有摆脱"靠山吃山,靠水吃水"的落后思想的影响。当经济发展与生态利益发生矛盾时,他们不惜以破坏生态环境来促进经济的发展，也未认识到自己在乡村建设中的主体作用。三是农民的生态种植意识比较欠缺。农民为了满足生存需要，普遍存在盲从心理，常常种植一些与当地环境不相适应的农作物，导致当地生态系统的平衡遭受一定的破坏。此外，农民对生态知识掌握得不够，不能较好地利用生态种植技术发展生态农业。

(二) 乡村"厕所革命"不够彻底

厕所作为衡量国家文明程度的一个重要标志，其卫生状况的好坏关系到生活环境及人民健康。乡村振兴背景下大力推行农村"厕所革命"，能推动农村现代化建设的进程，符合建设美丽乡村的发展要求。当前，我国乡村"厕所革命"存在着不够彻底的问题，具体表现在4个方面。一是乡村"厕所革命"存在流于形式的现象。总的来看，乡村"厕所革命"在不断推进，但有些地方力度仍不大，导致这些地区乡村公共厕所修建工作比较缓慢甚至停滞不前，农村仍然存在着大量的旱厕。二是农民参与"厕所革命"主动性不够高。部分农民缺乏正确的卫生习惯，也未意识到"厕所革命"对于乡村生态振兴的意义和价值，在"厕所革命"中消极应付现象比较严重，很难促进"厕所革命"顺利进行。三是乡村厕所建设质量不够高。乡村厕所环境建设较为简陋，基础设施不够完善，如厕具质量不过关，没有照明装备，有些厕所并未进行男、女厕所的划分等。四是乡村厕所的管理不太到位。少数村民习惯性地将生活垃圾倒入附近公厕，而厕所专业清洁人员又普遍欠缺，使得部分乡村厕所卫生情况堪忧。

(三) 乡村生态资源破坏比较严重

乡村生态资源作为美丽乡村建设的载体，是实现乡村产业兴旺的关键因素。因而，只有实现乡村生态资源价值化，才能加快农业供给侧结构性改革的步伐。但是长期以来，人们总是把农业与工业对立起来加以看待,导致农业要想进一步发展,必须要适应工业化的模式,资本的逐利性必然要以牺牲生态环境为代价,使得乡村生态资源破坏严重。一是土壤污染比较严重。虽然大量使用化肥、农药可以提高农作物产量,实现农业增收。但是,农药、化肥的长期大量施用,造成了比较严重的土壤污染。二是水资源污染比较严重。现阶段,农村养殖业、加工业等得到大力发展,但是由此带来的污染却是显而易见的,如污水随意排放,造成河流、湖泊甚至地下水等水源的污染。三是大气污染比较严重。农业生产所产生的秸秆就地焚烧,以及乡村企业所排放的工业污染物等造成了乡村大气污染比较严重。四是植被破坏比较严重。如损害植被来修建房屋、发展畜牧业、开荒种地,砍伐树木充当生活燃料等,降低了乡村的绿化率。

二、乡村生态振兴的实施路径

(一) 完善乡村生态振兴制度体系

生态文明体制机制与制度体系建设是支撑乡村生态振兴的重要保障。围绕乡村宜居宜业这一核心任务,按照农业农村高质量发展的要求,必须从制度设计的顶层入手,做好乡村生态振兴的法律法规与政策体系建设工作。

1. 加快制定乡村生态振兴发展规划

依据各地实地情况,系统谋划包括农业生产和居民生活等在内的环境建设与生态振兴思路、目标、任务和步骤,科学设计具有前瞻性、指导性和可操作性的乡村生态振兴实施方案,明晰乡村生态振兴的施工图和线路表。例如,减少农业化学品投入、防控农业面源污染和建设农村生活垃圾收储运转处软硬件体系等,统筹规划山水林田湖草沙系统的环境整治工作,充分结合区域经济和农村社会发展特点,因地制宜编制并出台地方生态振兴发展规划和不同层次的生态环境建设实施方案，搭建乡村生态振兴"四梁八柱"，有序推进乡村生态振兴工作深入实施。

2. 切实完善乡村生态振兴制度体系

乡村生态资源与环境禀赋具有公共产品特性，也是农村最大优势和宝贵财富所在，是农民赖以生存与发展的物质基础。必须采取强有力的保障措施，构建完善的生态环境制度体系，确保乡村生态振兴有序推进。为此，根据制度功能特点，分门别类地制定和完善与乡村生态资源环境特性相吻合的制度体系，尤其需要在土地生态修复与质量保护、小流域小湖泊小池塘治理、化学农资包装废弃物回收、畜禽粪污循环利用、农村生活垃圾分类等方面，建立健全切实可行的制度规则，如约束性制度或激励性政策等。在此基础上，通过经济激励、法律惩戒、邻里监督和市场诱导等方式，建立完善的乡村生态振兴制度支持体系。

（二）壮大农村生态产业

乡村生态振兴是一个大系统，环节繁多、内容复杂，涉及农业农村生产和农村居民生活的方方面面。要推动乡村产业兴旺、生态宜居和生活富裕，就要培育和建设农村生态产业，在生态资源环境与经济社会发展的相互协调中，充分耦合"绿水青山"和"金山银山"的内在关系，务实做好农村生态与经济双重振兴的大文章。

1. 加大农村生态产品开发力度

生态环境是最普惠的民生福祉，生态产品是最富价值的高档产品，尤其是在生态资源日益短缺和人们不断追逐环境福利的情况下，保护生态环境就是保护生产力，改善生态环境就是发展生产力。从这一理念出发，就需要强化对农村生态环境的保护与资源开发，在产业生态化和生态产业化的有机互动中，促使环境保护与资源开发充分融合。例如，利用幽静的自然环境、清新的田园风光、多样的地容地貌、洁净的水气土壤等一系列良好的生态资源,加快生态元素与农业旅游、乡村休闲、健身康养等产业的有机融合,大力发展休闲采摘、旅游观光等生态产业,不断强化生态服务、开发生态产品和实现价值转化,切实拓展农村生态产业发展空间。

2. 扎实推进农业碳汇产业发展

农业具有多功能性,生态功能是农业多功能性的重要组成部分。在社会主义市场经济条件下,农业的生态功能亦可以物化成生态产品,通过市场机制来实现其经济价值。尤其是在全球气候变暖和应对全球气候挑战的背景下,更应关注农业的生态功能属性,切实服务于我国提出的"3060"双碳战略目标。基于植物的光合作用原理,在农业(主要指种植业、草业和林业)生产和植物生长过程中,形成了大量的碳汇物质,呈现出强大的碳汇功能,这就意味着农业在应对气候变化和推进双碳目标实现的过程中,将发挥重要的作用。为此,在未来的农业发展中,应充分利用市场机制等各种方式,推进和发展农业碳汇产业,不断增强农业生态功能,助推实现农业生态功能价值。

(三)建设美丽乡村生态环境

人居环境整治和美丽乡村建设是乡村生态振兴的重要内容。针对长期以来在乡村经济社会发展中存在的较多关注经济发展指标、较少注意生态环境尤其是人居环境质量指标的情况,必须按照人与自然和谐统一的要求,切实补齐农村环境治理短板,加大农村"八乱"整治和生活污水治理,着力推进村容村貌整洁亮化,不断提升美丽乡村建设水平。

1. 强化美丽乡村硬件建设

在现代化社会里,生活宜居和宜居生活均需有强有力的物质条件支撑,需要合理导入并有效改良人们现有的生活方式和物质条件，尤其要引入现代物质要素、硬件条件和科技成果。可以说，乡村宜居宜业必将充分融合现代生态文明与现代物质文明的诸多元素，是一个有机融合的统一体。这就需要借助现代工业文明的物质资源，提升美丽乡村的硬件水平。如结合居家村落的地形地貌，因地制宜地实施和推进农村亮化、绿化、净化和硬化等工程建设，促使农村电网、路网、水网、排污管网、信息网络的互联互通，通过新建改建和完善升级等系列措施，为实现乡村宜居宜业和农民富裕富足奠定良好硬件基础。

2. 加大美丽乡村软件建设

在乡村生态振兴和美丽乡村建设中，农民是最广大、最根本和最直接的关联主体，他们的意识与观念、行为与习惯直接影响着美丽乡村建设效果，对乡村生态振兴的实现程度也具有至关重要的影响。必须从生态文明教育、绿色意识培养、行为习惯养成等角度出发，加大对美丽乡村的软件建设，通过文明素养和绿色理念内化方式，引导并激发广大农村群众以不同形式或在不同维度的不同环节上，积极主动地参与到乡村生态振兴工作中，促使共建共享乡村生态振兴和美丽乡村发展成果。例如，运用人们喜闻乐见的口号、标语、版画、戏曲、村规民约等各种"以文化人"的方式，将生态文明教育融入日常生活，进而构建资源节约、环境友好、生态保护的绿色理念，树立自觉践行绿色环保、低碳循环的生活方式，养成垃圾分类的良好习惯，摒弃乱建乱盖、乱排乱丢不当行为，形成支撑美丽乡村建设、打造绿色整洁人居环境的文化氛围。

典型案例　美丽宜居乡村"蜕变"

整洁宽阔的乡村道路，花红树绿的生态环境，抬头可见的文明标语,洋房般的美丽庭院……走进湖南省常德市津市市新洲镇五泉社区,眼前的景象恰如陶渊明在《桃花源记》中所描绘的美好乡村图景。

五泉社区的新变化是津市市改善农村人居环境、建设美丽乡村所结下的硕果之一。建设美丽宜居乡村是实施乡村振兴战略的一项重要任务,是推进农业农村现代化的重要抓手。近年来,津市市致力打造产业兴旺、干净整洁、生态宜居的美丽乡村,不断优化农村人居环境,增强群众幸福感、获得感。记者深入津市市进行实地探访,探寻乡村蜕变背后的故事。

垃圾分类分出乡村整洁新貌。乡村之美,不仅美在景观,更美在文明。在五泉社区的路旁,一栋被涂成彩色的小房子格外引人注目,这里就是社区生活垃圾分类回收站。

走进回收站,首先映入眼帘的是一排四层的金属货架,货架上摆放着塑料盆、垃圾筐、洗洁精等生活物品,货架的对面是一个个水泥"格子间",上面贴有农药包装废弃物、废旧金属、废旧纸品等标识,不同种类的垃圾按照标识分类住进"单间",等待下一步的回收工作。

一沓沓"绿色存折"被整齐码放在窗边的一张桌子上。据悉,"绿色存折"制度是津市市从2014年开始探索建立的有效推动农村垃圾分类处理的一种模式,农民只要将分类处理后的垃圾上交,便可在"绿色存折"上零存整取,兑换奖励。目前,该项制度在津市市全域推行。

翻开一张"存折",上面清晰地记录着存兑物品的名称、数量、金额、余额等明细,并可换购货架上相应价值的日用品。据了解,在基础设施方面,津市市以村为单位,每村配备1台垃圾分类回收车、1个垃圾分类回收屋、1个"绿色存折"兑换点,逐步引导村民改变乱扔乱丢的陋习,推动环保观念深入人心。

除了在模式上创新外,各村村级环卫自治协会的成立也调动了村民自治积极性,激发乡风文明新动力。毛里湖镇大山社区书记郑红霞说,2019 年,大山社区环卫协会正式成立,协会会长和成员都是由大家推举出来的社区村民,协会聘请了保洁员专门负责公共区域卫生清扫工作,进一步落实、规范环境卫生整治。目前,协会的资金来源于上级部门拨款和自筹,每户村民每年需缴纳 50 元的垃圾处理费,商户则需要缴纳 100 元。

通过"绿色存折"、环卫协会等手段和措施,目前津市市农村垃圾分类覆盖率达 100%,垃圾减量率达 50% 以上,垃圾转运成本下降 50% 以上。

房前屋后整治扮靓幸福农家。绿植花卉将庭院装扮得如花园般美丽,大门上贴着的红对联、挂着的小灯笼增添了热闹的氛围,屋内窗明几净,一尘不染……这些细节无一不体现着整个家庭对生活的热爱与憧憬。据房屋主人姜守汉透露,这幢房子是在 2010 年左右建造的,当时是先由政府统一对社区内民居进行规划和设计,再由村民各自建造实施,自家的这套房子建造费用约为 13 万元。

"我自己本身就喜欢园林设计,所以就种了些花花草草定期打理修剪,没想到越长越好。"谈到自己的庭院"作品",姜守汉黑黝黝的脸庞上瞬间挂满了幸福的笑容。

近年来,通过乡风文明的建设和村庄环境整治,津市市遵循"美好环境从美丽屋场来"的定位,在扮靓村容家貌等方面进行了多项整治,让房前屋后旧貌换新颜。津市市开展了屋场整治、庭院整治等多项工作,将 20～30 户划分为屋场单元,采取政府以奖代补、村居自愿申报等措施,推动屋场建设,持续增绿补绿,推动老宅旧房提质升级。目前,全市已建成市本级美丽屋场 39 个,村镇级美丽屋场 120 余个,多彩庭院、绿色庭院 1.1

万户。

同时，为了给村民们带来更宜居的生活环境，津市市坚持"首厕过关"带动"每厕过关"，做到建一户、成一户、实用一户，扎实推进改厕工作，目前累计完成农村改厕3.2万户。在农村生活污水治理方面，津市市建造了11处集镇污水处理站和15座居民集中污水处理设施，农村生活污水基本实现"黑灰"分离（黑水指厕所粪污废水，灰水指厨房、洗涤、洗澡等生活污水）分离。

村民勤劳致富劲头足决心大。打造美丽乡村，生态宜居是关键，群众增收是重点。为了让更多人的钱袋子鼓起来，津市市激活山水自然资源，带动二三产业提速发展，帮助农户获得经济效益。

"巩固和拓展全面小康的建设成果，带领广大群众奔向共同富裕的幸福生活，是政府的使命所在、责任所在。"津市市委副书记、市长彭子晟告诉记者，"津市市将持续在做大做强特色产业上下功夫，力争以良好的产业发展成效不断壮大村集体经济，让农民群众持续增收致富。"

位于毛里湖国家湿地公园南部的绿岛蓝湾是湖南省五星级休闲农业与乡村旅游园区，每年吸引着各地的游客前来旅游消费。园区内有一处特殊的市集，不收取任何摊位费，供周边村落的村民销售农产品。

药山镇杨坝档村村民崔敏正在摊位前吆喝着，为自家田里产的黄桃、西瓜、菜瓜、莲蓬头"打广告"。崔敏承包了村里的200多亩地，当应季农产品进入丰收期后到摊位销售。"旅游旺季的时候卖得最好了，一天最多可以卖千把块钱。"崔敏说，"通过销售这些农产品，我们家有了不错的收入，也重新盖了房子。"

吆喝响，车间忙。十几公里外的乡村振兴车间正传出整齐悦耳的缝纫机声，"哒哒哒哒"响个不停。该车间主要从事服饰、配件、假发、玩具等加工组装生产，产品出口欧美、日本等地。车间里工人神情专注，手脚麻利，已经生产包装好的装饰品被装在白色箱子里摆在一旁。杨坝档村村民马春梅也是工人中的一员，刚进入车间工作不久的她已经适应了这里的节奏。

"我和爱人把家里的土地流转出去了，爱人退休在家帮忙照顾老人，我就出来打打零工。现在一个月的收入大概在3 000元，能覆盖一家人的生活开支。"马春梅说。

据统计，目前，津市市已建设乡村振兴车间22个，吸纳就业人数867人。津市市乡村旅游、加工等产业日益壮大，也带动激发了农村经济发展的新活力、新动能，帮农民引入致富"活水"，促进农民勤劳致富。

资料来源：祖爽.湖南省津市市：美丽宜居乡村"蜕变".农民日报，2022-08-07。

第六章 乡村组织振兴

第一节 乡村组织振兴的内涵和作用

一、乡村组织振兴的内涵

实施乡村振兴战略,组织是保障。组织振兴是乡村振兴的"第一工程",是新时代党领导农业农村工作的重大任务。一般来讲,乡村组织振兴主体主要包括4个部分:农村基层党组织、农村专业合作经济组织、社会组织和村民自治组织。其中农村基层党组织是核心,是党在农村全部工作的基础,是党联系广大农民群众的桥梁和纽带;而农村专业合作经济组织、社会组织和村民自治组织的建设和完善将进一步改善当前乡村治理主体单一、效率低下的现状,逐步健全自治、法治、德治相结合的乡村治理体系,打造充满活力、和谐有序的善治乡村。

(一)农村基层党组织

农村基层党组织与基层群众距离最近、联系最广、接触最多,是党在农村所有工作的基础,是党联系广大农民群众的桥梁和纽带。要推进乡村振兴,必须紧紧依靠农村党组织和广大党员,使党组织的战斗堡垒作用和党员的先锋模范作用得到充分发挥,带领群众同频共振,推进"五大振兴"。从我国农业农村发展历程来看，一些乡村发展滞后、问题矛盾频发、乡风文明较差的一个很重要的原因就在于基层党组织软弱涣散，无法作为一个坚强的领导核心引领乡村事业发展，处理解决各种矛盾纠纷。党的十八大以来，我国脱贫攻坚工作能够取得历史上最好的减贫成绩，一个很重要的原因就在于夯实了农村基层党组织建设，通过选派"第一书记"和"驻村工作队"等方式增强了基层党组织的战斗力，发挥了基层党组织在脱贫攻坚中凝心聚力和战斗堡垒作用。与脱贫攻坚相比，乡村振兴战略目标任务更重、难度更大，必须要进一步加强农村基层党组织在农村事业发展中的领导核心作用，增强自身战斗力，团结和凝聚其他组织和各方力量扎实推进乡村振兴的实施。

（二）农村专业合作经济组织

农村专业合作经济组织是推进农业现代化、规模化、效益化的有效组织形式，在保护农民合法经济利益，提高应对市场风险方面作用突出。2007年我国出台了《中华人民共和国农民专业合作社法》，2018年7月修订后的《中华人民共和国农民专业合作社法》正式施行，进一步规范了农民专业合作社的发展。2019年中央一号文件就巩固和完善农村基本经营制度明确指出："突出抓好家庭农场和农民合作社两类新型农业经营主体，启动家庭农场培育计划，开展农民合作社规范提升行动，深入推进示范合作社建设，建立健全支持家庭农场、农民合作社发展的政策体系和管理制度。"要激发乡村发展活力，促进农业现代化发展，在目前小农户生产经营长期存在的情况下，要提高农民的组织化程度，就要充分发挥农村专业合作经济组织的龙头带动作用，推动多种形式的适度规模经营。

（三）社会组织

社会组织作为充满活力和创造力的非官方组织是乡村组织振

兴的重要组成部分，在改善乡村单一治理主体状况，促进多元共治，构建新时代乡村治理体系方面发挥着不可忽视的重要作用。一直以来，党和政府都非常重视农业农村工作，并不断加强对农村社会的管理，但很多地方政府在乡村治理中囿于全能政府惯性思维，常常大包大揽公共事务，使得政府在乡村治理中经常陷入政府越位、政府缺位、选择性治理以及"碎片化"创新的角色误区。这些角色误区的出现，阻碍了社会组织在乡村社会的发展，影响了乡村治理体系的构建。从党的十八大以来脱贫攻坚工作情况来看，鼓励和引导社会组织、社会工作、志愿服务力量参与脱贫攻坚工作，在助力打赢脱贫攻坚战方面发挥了积极作用。乡村振兴是一个涉及乡村政治、经济、社会、文化、生态建设的系统工程，鼓励和引导行业协会、基金会、各类志愿组织等社会组织广泛参与，不仅可以为乡村事业发展提供专业人才支撑，同时还可以在资金、物质、技术等方面提供重要保障。因此，乡村组织振兴必须要高度重视与社会组织的合作，动员社会参与，凝聚各方力量推动乡村振兴。

（四）村民自治组织

村民自治组织作用的发挥需要进一步加强村民委员会的建设，村民委员会作为村民自我管理、自我教育、自我服务的基层群众性自治组织，是乡村组织振兴必不可少的重要力量和组成部分。作为群众性的自治组织，村民委员会长期扎根乡村社会，对村庄的村情民情和社会文化等有着深刻的了解和把握，在促进乡村自治，调解乡村矛盾纠纷，促进乡村事业发展方面发挥着重要作用。但是，当前我国一些地方的村民委员会在发展过程中，由于管理者综合素质不高，责任意识较弱，尤其是对自身角色定位不清晰，工作缺乏主动性，没有很好地发挥村民委员会在乡村治理中的作用，没能很好地保障村民权益。作为乡村组织振兴的重要组成部分，未来要进一步提升村民委员会的服务意识和责任意识，发挥村民委员会在促进乡村自治方面的重要作用。

二、乡村组织振兴的作用

（一）组织振兴是乡村全面振兴的基石和保障

党的基层组织是党的肌体的"神经末梢"，要发挥好战斗堡垒作用。农村基层党组织与基层群众距离最近、联系最广、接触最多，是党在农村全部工作和战斗力的基础。要推进乡村振兴，必须紧紧依靠农村党组织和广大党员，使党组织的战斗堡垒作用和党员的先锋模范作用得到充分发挥，带领群众同频共振，推进"五大振兴"。

（二）组织振兴是乡村全面振兴的重要内容

乡村振兴是包括产业、人才、文化、生态、组织5个方面的全面振兴，这5个方面的振兴相互耦合并形成了一个互为关联、联系紧密、逻辑清晰的有机整体，是实施乡村振兴战略的行动指南。组织振兴作为"五个振兴"之一，要求我们必须切实抓好以基层党组织为核心的乡村各类组织建设，充分发挥各类组织的影响力、战斗力、凝聚力。只有这样，才能最大限度地凝聚起推进乡村振兴战略的工作合力，这也是乡村振兴的应有之义。

（三）组织振兴是乡村全面振兴的现实需要

要推动乡村组织振兴，打造千千万万个坚强的农村基层党组织，培养千千万万名优秀的农村基层党组织书记。基层党组织是实施乡村振兴战略的"主心骨"，发挥着"一线指挥部"和"前线先锋队"作用。如果党的基层组织作用发挥不充分，就无法将党的路线、方针、政策贯彻落实到基层群众中去，乡村振兴就无从谈起。

第二节 乡村组织振兴的重点领域

一、加强农村基层党组织领导

(一)加强党组织领导

坚持农村基层党组织领导核心地位,健全以党组织为核心的组织体系,以建制村为基本单元设置党组织,加强农村新型经济组织和社会组织的党建工作。为了进一步巩固提升脱贫成果,防止贫困村返贫,应将"第一书记"选派工作长期化、机制化,提升基层组织治理水平。

(二)加强农村基层党组织带头人队伍建设

加大对本村致富能手、外出务工经商人员、本乡本土大学毕业生、复员退伍军人的培养选拔力度。完善农村后备干部选拔和储备机制,确保优秀农村干部的可持续性。

(三)加强农村党员队伍建设

加强农村党员教育、管理、监督,推进"两学一做"学习教育常态化制度化,教育引导广大党员自觉用习近平新时代中国特色社会主义思想武装头脑。严格党的组织生活,全面落实"三会一课"、主题党日、谈心谈话、民主评议党员、党员联系农户等制度。加强农村流动党员管理,加大在青年农民、外出务工人员、妇女中发展党员力度。

(四)强化农村基层党组织建设责任与保障

推动全面从严治党向纵深发展、向基层延伸,将抓党建促脱贫攻坚、促乡村振兴情况作为每年市县乡党委书记抓基层党建述职评议考核的重要内容,纳入巡视、巡察工作内容,作为领导班子综合评价和选拔任用领导干部的重要依据。层层压实党组织建设责任，加强对重点领域和重点环节的监管，建立科学的考核制度，为优秀农村干部选拔提供依据。

二、促进自治、法治、德治有机结合

（一）深化村民自治实践

加强农村群众性自治组织建设。完善农村民主选举、民主协商、民主决策、民主管理、民主监督制度。规范村民委员会等自治组织选举办法，健全民主决策程序。依托村民会议、村民代表会议、村民议事会、村民理事会等，形成民事民议、民事民办、民事民管的多层次基层协商格局。创新村民议事形式，完善议事决策主体和程序，落实群众知情权和决策权。全面建立健全村务监督委员会，健全务实管用的村务监督机制，推行村级事务阳光工程。充分发挥自治章程、村规民约在农村基层治理中的独特功能，弘扬公序良俗。继续开展以村民小组或自然村为基本单元的村民自治试点工作。加强基层纪委监委对村民委员会的联系和指导。

（二）推进乡村法治建设

深入开展"法律进乡村"宣传教育活动，增强基层干部和农民群众法治观念和意识。把政府各项涉农工作纳入法治化轨道，维护村民委员会、农村集体经济组织、农村合作经济组织的特别法人地位和权利。深入推进综合行政执法改革向基层延伸，创新监管方式，推动执法队伍整合、执法力量下沉，提高执法能力和水平。加强乡村人民调解组织建设和健全农村公共法律服务体系，增强乡村法治服务能力。妥善处理农民群众合理诉求，调处化解乡村矛盾纠纷。重视农民在土地承包、征地拆迁、农民工工资、环境问题等方面的合法诉求和权利，着眼根本，持续整治侵害农民利益的各种行为，畅通农民利益诉求表达渠道，维护好农民群众的合法权益。要坚持和发展新时代"枫桥经验",相信群众、依靠群众,就地解决问题,从源头上预防和减少矛盾纠纷。

(三)推进农村移风易俗

要加强党组织的领导,发挥党员干部的带头作用,总结推广"红白理事会"、道德评议会、村规民约,治理大操大办、不赡养父母的做法,通过引导农民群众自我管理、自我约束、自我提高,推进农村移风易俗,孕育社会好风尚。

(四)强化典型示范

大力开展"文明村镇""星级文明户""五好家庭"等创建活动,广泛开展"农村道德模范""最美邻里""身边好人"等选树活动,大力宣传先进典型,发挥好示范引领作用,形成争相弘扬文明乡风的浓厚氛围。

(五)建设平安乡村

完善县乡村三级综治中心功能和运行机制,落实基层社会治安综合治理责任,推动社会治安防控力量下沉,将扫黑除恶和基层反腐相结合,维护农村平安稳定。推进网格化管理和服务,全面排查整治农村食品安全、消防、道路安全、安全生产等各类安全隐患,坚决遏制重特大安全事故,全面防范和化解农村不稳定因素。

三、健全现代乡村治理体系

(一)充分发挥党组织领导作用

认真落实《中国共产党农村基层组织工作条例》,着力加强制度建设,全面落实村党组织书记县级党委备案管理制度,建立健全村务监督机制,健全村干部干事创业机制,选优配强乡镇领导班子特别是乡镇党委书记,推动农村基层党组织全面进步、全面过硬。

(二) 加强基层组织服务能力

准确把握县级是"一线指挥部"、乡镇是为农服务中心、行政村是基本治理单元的职能定位,推动县乡村三级根据各自职能,明确重点、分级负责。坚持县乡村联动,推动社会治理和服务重心向基层下移,把更多资源下沉到乡镇和村,加强乡镇领导班子建设,提高乡村治理效能。

(三) 创新基层管理服务方式

明确县乡财政事权和支出责任划分,改进乡镇财政预算管理制度。推进乡镇协商制度化、规范化建设,创新联系服务群众工作方法。推进直接服务民生的公共事业部门改革,改进服务方式,最大限度方便群众。以群众满意度为考核方向,推动乡镇政务服务事项"一窗式"办理、部门信息系统"一平台"整合、社会服务管理大数据"一口径"汇集,不断提高乡村治理智能化水平。健全监督体系,规范乡镇管理。

第三节 乡村组织振兴的现实困境及实施路径

一、乡村组织振兴的现实困境

当前,农村基层组织的基础工作存在不少薄弱环节,乡村治理体系和治理能力亟待强化。

(一) 部分农村"组织空"现象明显

部分村党支部委员会软弱涣散,党组织对村民委员会的领导力不强,对基层群众的服务意识、服务能力不强,党组织缺乏活力,党支部班子成员岁数较大,"老龄化"现象突出,对现代科技、农业经济、市场经验等方面的知识储备不足,无法发挥领头人作用。

(二) 村民自治组织管理水平普遍不高

一些村干部民主意识薄弱,干部群众沟通渠道不畅,部分群众对村务工作不知晓、不理解、不支持。个别村干部仍然存在"家长制"作风,凭人情关系办理村务,涉及群众切身利益的事项,村务管理执行不透明,过程结果不公开,缺乏有力有效的监督。同时,村级小微权力清单制度尚未建立,惠农补贴、土地征收等重点领域侵害农民利益的不正之风和基层腐败问题时有发生。

(三) 村级集体经济发展滞后

由于经济发展基础较弱,组织缺位、人才缺失、产业空虚、治理不善、政策乏力等问题集中出现在村级集体经济中。尤其是在中西部地区,多数村级集体经济组织尚未建立,发展主体缺位,成员权力虚置,"谁来发展"问题亟待破解;农村集体资源资产开发利用不充分,路径不明晰,"怎么发展"问题亟待破解;村级集体经济"造血"功能弱,"空壳村"比例较高,"活力不足"问题亟待破解。

二、乡村组织振兴的实施路径

"乡村富不富,关键看支部。"推进乡村组织振兴,强化基层党组织的战斗堡垒作用,应当突出"五个重点",提升"五种能力"。

(一) 突出政治功能建设,提升政治领导力

"深入实施乡村振兴战略,需要大力提升农村基层党组织的组织力和政治功能,以强有力的政治引领推动乡村全面振兴。"提升政治领导力,最根本的是要加强政治建设,抓好习近平新时代中国特色社会主义思想的学习,确保党组织和党员用党的创新

理论武装起来、统一起来，不断凝聚信仰的力量、组织的力量。要坚持把党的政治建设摆在首位、落到基层，巩固拓展"两学一做"学习教育常态化制度化教育成果，结合开展"不忘初心、牢记使命"主题教育，组织广大党员干部深入学习习近平新时代中国特色社会主义思想，坚定理想信念，加强党性修养，树牢"四个意识"，增强"四个自信"，始终同以习近平同志为核心的党中央保持高度一致。要坚持把政治引领具体化、形象化，健全农村重大事项、重要问题、重要工作由党组织讨论决定的机制，完善党组织实施有效领导、其他各类组织按照法律和各自章程开展工作的运行机制，坚决防止村级党组织弱化虚化边缘化现象。

（二）突出主体作用发挥，提升群众凝聚力

农村党组织是党联系广大农民群众的桥梁和纽带。要切实加强马克思主义群众观教育，引导基层党组织和党员干部站稳群众立场，始终保持对人民群众的赤子之心，把群众当亲人当家人，与群众一块过一块干。要有力有效引领群众，坚持党的领导和发动群众相结合，坚持群众路线，充分调动人民群众支持参与改革发展的积极性，真正把群众想干的事，转变为党委、政府要干的事；让党委、政府在干的事，成为群众支持参与的事；使党委、政府干成的事，都成为惠及百姓大众的事。要健全完善常态"走基层"的机制，深入开展在职党员到村（社区）报到、定点扶贫、结对帮扶、联系服务群众等活动，切实打通服务群众"最后一公里"。

（三）突出组织体系健全，提升组织覆盖力

严密的组织体系，是坚持和落实党的领导、发挥基层党组织战斗堡垒作用和党员先锋模范作用的坚实基础。要创新组织设置，按照地域相邻、行业相近、作用相同、优势互补、有利于党员作用发挥的原则，深入探索村村联建、村社联建、村企联建和街道"大工委"、社区"大党委"等党组织设置形式,积极创新基层党组织设置模式,激发党组织活力。要牢固树立加强支部建设鲜明导向,把思想政治工作落到支部,把从严教育管理监督党员落到支部,把群众工作落到支部,真正使支部成为教育党员的学校、团结群众的核心、攻坚克难的堡垒。

(四)突出本土人才选育,提升内生发展力

乡村振兴,人才是基石,青年骨干农民是乡村人才振兴的主力军。要健全青年骨干农民教育培养体系,构建组织选拔与群众认可相结合的选人用人机制,把发展潜力大、带动能力强的青年骨干农民纳入组织培养视野。突出政治引领,优化培训体系,加强指导帮扶,把青年骨干农民当作后备干部来培养,在青年骨干农民中积极发展入党积极分子、党员。坚持把青年骨干农民队伍培养成青年党员示范、创业致富带头人、村级干部骨干的导向,搭建素养提升平台、就业创业平台、实践历练平台,营造良好的创业环境,就地培养更多爱农业、懂技术、善经营的新型职业农民,为乡村基层党组织注入"新鲜血液"和"创新基因"。

(五)突出基层实践探索,提升创新创造力

基层党组织的组织力,要在改革发展的实践中不断磨砺、不断提升。要创新开展城乡社区发展治理,加强社区党组织建设,抓好共建共享,加快构建"15分钟公共服务圈",提升公共服务水平;加快推动社区回归服务职能本位,大力培育法治意识,深入推进社区自治,以改革创新精神探索通过加强基层党的建设引领社会治理的路径,努力实现市民有感受、城乡有变化、社会有认同。要加强舆论引导,政策宣传,广泛发动群众参与共治社会基层环境,共享社会安定成果。要深入开展扫黑除恶专项斗争,充分发挥党组织领导核心作用,铲除黑恶势力滋生土壤,坚决杜绝"黑恶"势力进入基层干部队伍,杜绝"黑恶"势力侵染基层政权。要创新基层组织活动方式，充分运用"互联网+"，利用新媒介、新技术、新传播手段和新沟通手段，扩大党员与群众的互动与接触，让组织活动走向基层、走向车间、走向田间地头。

典型案例 "党建+"为村集体经济注入"推进剂"

近年来，安徽省阜阳市颍上县陈桥镇把抓党建促村级集体经济发展作为实施乡村振兴战略的重要抓手，充分发挥党组织和党员的战斗堡垒和先锋模范作用，从村级经济基础、区位特点、资源条件等实际情况出发，因地制宜、因村施策，着力强基础、聚人才、凝民心、促发展，切实推动村集体经济快速健康发展，为乡村振兴注入了新动能。

腾笼换鸟，实现共赢。镇党委始终坚持在盘活集体资源资产上狠下功夫，逐村开展村级集体资产、资源、资金调查摸底，详细掌握老旧村部等资源资产要素，通过流转、出租、入股等形式变成资本，切实将闲置资产变废为宝，实现集体资源资产增值。程庄村利用巨鲁集原拆除轮窑厂整理100多亩土地来发展产业养殖，建立巨鲁集畜牧园区，引进10余家养殖专业户，建成生猪养殖龙头示范基地2家，生猪存栏1 500头，年出栏4 000头。截至2022年3月，全镇累计整合煤矿塌陷区、荒沟废塘等800余亩，每年增加村集体经济收入50余万元。

发展产业，带动增收。该镇鼓励各村党支部成立瓜蒌种植专业合作社，依托"党支部+合作社+农户"发展模式，围绕高效生态农业、设施农业、特色农业发展，深挖"一村一品"；并通过培育一批产业致富带头人，用好当地"土专家""田把式"，吸引外地"能人"回家乡创业，引导群众共享生产资料、技术及信息服务，推动集体增收抱团发展。截至2022年3月，带动全镇200多户农户种植瓜蒌4 000余亩，年产值达2 000万元，每年可为当地群众带来经济收入40余万元。

党建引领，示范辐射。镇党委强化党建引领，立足农业现代化要求，集聚发展合力和优势资源，积极探索第三产业发展新路子，切实推动村级集体经济从"数量"向"质量"转变，实现支部有作为、党员起作用、集体有收益、群众得实惠的发展目标。该镇山涧村党总支带领120户村民创办农机合作社，投资近900万元购买大型收割机等设备80余台，带动村民150余人就业，农机服务范围辐射周边三县三市，年收入100余万，形成了一头牵农户、一头接市场的产业化"链条"，推动农村生产经营方式由单打独斗向抱团发展转变，为农民开通了"致富路"、架起了"致富桥"。

"发展壮大村集体经济是基层党组织的一项重要任务。"陈桥镇党委书记吴亚表示，下一步，镇党委将在推动村集体经济发展过程中积极发挥党建引领作用，着力调整优化产业结构，大力实施"四带一自"产业发展模式，打造"一村一品"特色产业村，实现村村有产业，村村有亮点，村村有品牌的发展目标，奋力谱写乡村振兴的陈桥篇章。

资料来源：沈云鹏，宗禾．阜阳颍上陈桥："党建+"为村集体经济注入"推进剂"．人民网-安徽频道，2022-03-25。

第七章 乡村振兴战略的政策支撑与实施

第一节 乡村振兴战略的政策支撑

一、强化人才支撑

(一) 加强农村人力资源开发

完善扶持政策,鼓励和支持涉农院校、农业科研院所、农业龙头企业等为农民提供教育培训、技术支持和创业指导等服务,培养有文化、懂技术、善经营和会管理的高素质农民,培育壮大农村实用人才队伍,促进农业农村人才队伍建设。

(二) 多种方式提供人才保障

加强农村专业人才队伍建设。加强农技推广人才队伍建设,探索公益性和经营性农技推广融合发展机制,允许农技人员通过提供增值服务合理取酬,全面实施农技推广服务特聘计划。加强涉农院校和学科专业建设,大力培育农业科技、科普人才,深入实施农业科研杰出人才计划和杰出青年农业科学家项目,深化农业系列职称制度改革。

鼓励社会人才投身乡村建设。以乡情乡愁为纽带,引导和支持企业家、党政干部、专家学者、医生教师、规划师、建筑师、律师、技能人才等,通过下乡担任志愿者、投资兴业、行医办学、捐资捐物、提供法律服务等方式服务乡村振兴事业，允许符合要求的公职人员回乡任职。继续实施"三区"（边远贫困地区、边疆民族地区和革命老区）人才支持计划，深入推进大学生支农工作，因地制宜实施"三支一扶"、高校毕业生基层成长等计划，开展乡村振兴"巾帼行动""青春建功行动"。建立城乡、区域、校地之间人才培养合作与交流机制。

全面建立城市医生教师、科技文化人员等定期服务乡村机制。保障和改善乡村教育、医疗卫生人员待遇，通过免费师范教育、继续教育和培训提高乡村教育、医疗卫生人员的学历水平和整体素质，通过职业资格倾斜、完善考核评价体系等方式，提高乡村教育、医疗卫生人员的社会地位和职业吸引力。

(三) 促进城乡人才合作与交流

建立健全城乡、区域、校地人才培养合作与交流机制。鼓励科研人员、工程师、规划师、建筑师等专业人才参与乡村建设。对返乡入乡创新创业人才给予资金、项目和税收等方面的支持，搭建社会工作和乡村建设的志愿者服务平台，支持和引导社会人才通过多种方式服务乡村振兴。

村民委员会、农村集体经济组织应当为返乡入乡人员和社会人才提供必要的生产生活服务，并可根据实际情况赋予人才村集体经济组织成员的相关福利待遇。

二、加强用地保障

土地是稀缺资源，耕地是我国最为宝贵的资源，更是数以亿计农民的安身立命之本。实施乡村振兴战略，要实行最严格的耕地保护制度，在坚守土地公有制性质不改变、耕地红线不突破、农民利益不受损三条底线的前提下，完善农村土地利用管理政策体系，盘活存量，用好流量，辅以增量，激活农村土地资源资产,保障乡村振兴用地需求。

(一) 完善农村土地管理制度

总结农村土地征收、集体经营性建设用地入市、宅基地制度改革试点经验,逐步扩大试点。建立健全依法公平取得、节约集约使用、自愿有偿退出的宅基地管理制度。在符合规划和用途管制的前提下,赋予农村集体经营性建设用地出让、租赁、入股权能,明确入市范围和途径。建立集体经营性建设用地增值收益分配机制。

1. 大力推进房地一体调查

各地要推进农村房地一体的不动产权籍调查工作,查清每宗宅基地、集体建设用地的权属、界址、位置、面积、用途及农房等地上建筑物、构筑物的基本情况,并建立数据库,为农村房地一体确权登记提供基础支撑。对于"一户多宅"、超面积占地或没有土地权属来源材料的宅基地和集体建设用地,要在"遵照历史、照顾现实、依法依规、公平合理"原则的基础上,按照《国土资源部关于进一步加快宅基地和集体建设用地确权登记发证有关问题的通知》(国土资发〔2016〕191号)的相关规定予以妥善处理,依法办理房地一体的不动产登记手续,切实维护农村群众合法权益,为实施乡村振兴战略提供产权保障和融资条件。有条件的地方在乡镇建立不动产登记服务站,将不动产登记业务向下延伸,实现就近就地登记发证。

2. 统筹推进农村土地征收制度、集体经营性建设用地入市、宅基地制度改革

要始终把维护好、实现好、发展好农民权益作为出发点和落脚点,坚持土地公有制性质不改变、耕地红线不突破、农民利益不受损三条底线,在试点基础上有序推进。平衡好国家、集体、个人三者利益,探索土地增值收益分配机制,增加农民土地财产

性收益，形成可复制、可推广的制度性成果。在落实宅基地集体所有权、保障宅基地农户资格权和农民房屋财产权、适度放活宅基地和农民房屋使用权的情况下，鼓励有条件的地方结合实际，积极探索农村宅基地所有权、资格权、使用权"三权分置"。

3. 推进利用集体建设用地建设租赁住房试点

利用集体建设用地建设租赁住房，有助于拓展集体土地用途，拓宽集体经济组织和农民增收渠道。鼓励试点地区村镇集体经济组织自行开发运营，也可以通过联营、入股等方式建设运营集体租赁住房。兼顾政府、农民集体、企业和个人利益，理清权利义务关系，平衡项目收益与征地成本关系。完善合同履约监管机制，土地所有权人和建设用地使用权人、出租人和承租人依法履行合同和登记文件中所载明的权利和义务。试点城市国土资源部门要优化用地管理环节，对宗地供应计划、签订用地合同、用地许可、不动产登记、项目开竣工等环节实行全流程管理。通过改革试点，在试点城市成功运营一批集体租赁住房项目，完善利用集体建设用地建设租赁住房规则，形成一批可复制、可推广的改革成果，为构建城乡统一的建设用地市场提供支撑。

（二）完善农村新增用地保障机制

统筹农业农村各项土地利用活动，乡镇土地利用总体规划可以预留一定比例的规划建设用地指标，用于农业农村发展。根据规划确定的用地结构和布局，年度土地利用计划分配中可安排一定比例新增建设用地指标专项支持农业农村发展。对于农业生产过程中所需各类生产设施和附属设施用地，以及由于农业规模经营必须兴建的配套设施，在不占用永久基本农田的前提下，纳入设施农用地管理，实行县级备案。鼓励农业生产与村庄建设用地复合利用，发展农村新产业新业态，拓展土地使用功能。

1. 发挥土地利用总体规划的引领作用

各地区在编制和实施土地利用总体规划中，要适应现代农业和农村产业融合发展需要，优先安排农村基础设施和公共服务用地，乡（镇）土地利用总体规划可以预留一定比例规划建设用地指标，用于零星分散的单独选址农业设施、乡村旅游设施等建设。做好农业产业园、科技园、创业园用地安排，在确保农地农用的前提下，引导农村二三产业向县城、重点乡镇及产业园区等集聚，合理保障农业产业园区建设用地需求，严防变相搞房地产开发的现象出现。省级国土资源主管部门制定用地控制标准，加强实施监管。

2. 因地制宜编制村土地利用规划

在充分尊重农民意愿的前提下，组织有条件的乡镇，以乡镇土地利用总体规划为依据，以"不占用永久基本农田、不突破建设用地规模、不破坏生态环境和人文风貌""控制总量、盘活存量、用好流量"为原则，科学安排农业生产、村庄建设、产业发展和生态保护等用地。乡村振兴、土地整治和特色景观旅游名镇名村保护的地方及建档立卡贫困村，应优先组织编制村土地利用规划。村土地利用规划应引导村民委员会全程参与，充分发挥村民自治组织作用。

3. 鼓励土地复合利用

支持各地结合实际探索土地复合利用，建设田园综合体，发展休闲农业、乡村旅游、农业教育、农业科普、农事体验、乡村养老院等产业，因地制宜拓展土地使用功能。

（三）盘活农村存量建设用地

1. 完善农民闲置宅基地和闲置农房政策

在符合土地利用总体规划的前提下，允许县级政府通过村土地利用规划调整优化村庄用地布局，有效利用农村零星分散的存量建设用地。对利用收储农村闲置建设用地发展农村新产业新业态的，给予新增建设用地指标奖励。

2. 积极盘活集体经营性建设用地

依法办理了用地审批手续的新增集体经营性建设用地，以及原依法取得的存量集体经营性建设用地，在符合土地利用总体规划和城乡规划的前提下，可以依法采取出租、作价出资入股等方式流转使用，用于农产品加工、农产品冷链、物流存储、产地批发市场等农村产业链项目建设或小微创业园、休闲农业、乡村旅游、农村电商等产业，但不得用于房地产开发。对利用存量建设用地发展农村新产业新业态成效突出的市、县，给予新增建设用地计划指标奖励。

3. 有序规范多种形式合作建房

在符合"一户一宅"等农村宅基地管理规定和相关规划、尊重农民意愿前提下，鼓励各地探索以宅基地使用权及农房财产权入股发展农宅合作社，允许返乡下乡人员和当地农民合作改建自住房，或下乡租用农村闲置房用于返乡养老或开展经营性活动，但严禁违法违规买卖农村宅基地，严禁下乡利用农村宅基地建设别墅大院和私人会馆。

4. 拓展设施农用地范围

在设施农业项目区域内，直接用于农产品生产用地；直接用于设施农业项目的辅助生产的附属设施用地；农业专业大户、家庭农场、农民合作社、农业企业、社会化服务组织等，从事规模化粮食生产所必需的配套设施用地（比如晾晒场、粮食果品烘干设施、粮食和农资临时存放场所、大型农机具临时存放场所等），纳入设施农用地管理，不办理农用地转用和征收审批，设施农用地不得占用基本农田。

5. 深入推进旧村复垦工作

对规划确定的村庄建设和产业发展区以外的空心村、空心房等低效利用的建设用地以及工矿废弃地，有序实施农村建设用地复垦工作。拓宽旧村复垦项目实施范围,允许将小规模地块开展旧村复垦,复垦新增耕地计入城乡建设用地增减挂钩指标。

三、坚持多元投入

健全投入保障制度,完善政府投资体制,充分激发社会投资的动力和活力,加快形成财政优先保障、社会积极参与的多元投入格局。

(一) 继续坚持财政优先保障

建立健全实施乡村振兴战略财政投入保障制度,明确和强化各级政府"三农"投入责任,公共财政更大力度向"三农"倾斜,确保财政投入与乡村振兴目标任务相适应。规范地方政府举债融资行为,支持地方政府发行一般债券用于支持乡村振兴领域公益性项目,鼓励地方政府试点发行项目融资和收益自平衡的专项债券,支持符合条件、有一定收益的乡村公益性建设项目。加大政府投资对农业绿色生产、可持续发展、农村人居环境、基本公共服务等重点领域和薄弱环节支持力度,充分发挥投资对优化供给结构的关键性作用。充分发挥规划的引领作用,推进行业内资金整合与行业间资金统筹相互衔接配合,加快建立涉农资金统筹整合长效机制。强化支农资金监督管理,提高财政支农资金使用效益。

(二) 提高土地出让收益用于农业农村比例

开拓投融资渠道,健全乡村振兴投入保障制度,为实施乡村振兴战略提供稳定可靠资金来源。坚持取之于地,主要用之于农的原则,制定调整完善土地出让收入使用范围、提高农业农村投入比例的政策性意见,所筹集资金用于支持实施乡村振兴战略。改进耕地占补平衡管理办法,建立高标准农田建设等新增耕地指标和城乡建设用地增减挂钩节余指标跨省域调剂机制,将所得收益通过支出预算全部用于巩固脱贫攻坚成果和支持实施乡村振兴战略。

(三) 引导和撬动社会资本投向农村

优化乡村营商环境,加大农村基础设施和公用事业领域开放力度,吸引社会资本参与乡村振兴。规范有序盘活农业农村基础设施存量资产,回收资金主要用于补短板项目建设。继续深化"放管服"改革,鼓励工商资本投入农业农村,为乡村振兴提供综合性解决方案。鼓励利用外资开展现代农业、产业融合、生态修复、人居环境整治和农村基础设施等建设。推广一事一议、以奖代补等方式,鼓励农民对直接受益的乡村基础设施建设投工投劳,让农民更多参与建设管护。

四、加强金融支农

健全适合农业农村特点的农村金融体系,把更多金融资源配置到农村经济社会发展的重点领域和薄弱环节,更好满足乡村振兴多样化金融需求。

(一) 强化对"三农"信贷的正向激励

给予低成本资金支持,提高风险容忍度,优化精准奖补措施。对机构法人在县域、业务在县域的金融机构,适度扩大支农支小再贷款额度。深化农村信用社改革,坚持县域法人地位。加强考核引导,合理提升资金外流严重县的存贷比。鼓励商业银行发行"三农"、小微企业等专项金融债券。

(二) 创新金融支农产品和服务

加快农村金融产品和服务方式创新,持续深入推进农村支付环境建设,全面激活农村金融服务链条。稳妥有序推进农村承包土地经营权、农民住房财产权、集体经营性建设用地使用权抵押贷款试点。探索县级土地储备公司参与农村承包土地经营权和农民住房财产权"两权"抵押试点工作。充分发挥全国信用信息共享平台和金融信用信息基础数据库的作用,探索开发新型信用类金融支农产品和服务。结合农村集体产权制度改革，探索利用量化的农村集体资产股权的融资方式。提高直接融资比重，支持农业企业依托多层次资本市场发展壮大。创新服务模式，引导持牌金融机构通过互联网和移动终端提供普惠金融服务，促进金融科技与农村金融规范发展。

（三）完善金融支农激励政策

通过奖励、补贴、税收优惠等政策工具支持"三农"金融服务，将乡村振兴作为信贷政策结构性调整的重要方向。落实符合条件的家庭农场等新型农业经营主体按照规定享受小微企业相关贷款税收减免政策，设置与农业生产周期相匹配的农业贷款期限。推动温室大棚、养殖圈舍、大型农机、土地经营权依法合规抵押融资。落实县域金融机构涉农贷款增量奖励政策，完善涉农贴息贷款政策，降低农户和新型农业经营主体的融资成本。健全农村金融风险缓释机制，发挥全国农业信贷担保基金作用，强化担保融资增信功能，引导更多金融资源支持乡村振兴。

（四）稳妥扩大农村普惠金融改革试点

鼓励地方政府开展县域农户、中小企业信用等级评价，加快构建线上线下相结合、"银保担"风险共担的普惠金融服务体系，推出更多免抵押、免担保、低利率、可持续的普惠金融产品。抓好农业保险保费补贴政策落实，督促保险机构及时足额理赔。优化"保险+期货"试点模式，继续推进农产品期货期权品种上市。

五、突出科技兴农

紧紧围绕乡村振兴规划和科技需求，从基础理论研究、关键核心技术和装备创新，推进技术集成应用，优化基层科技服务等方面加强农业科技对乡村振兴的支持作用。

(一)加强农业应用基础研究

根据各地农业生产科学技术需求和发展趋势,充分发挥农业科研院所、高校等机构的作用,开展自主创新和协同创新研究,为地方动植物资源研究、高效育种、品种检测、有害生物绿色防控、农业资源高效利用、农产品质量检验检测、基因编辑、农业大数据、人工智能、农业装备研制等,提供坚实的应用研究基础。

(二)强化关键核心技术创新和应用

围绕提质增效和绿色安全目标,加强对提高农产品产量、改善农产品品质、提升农业生产能力、增加农业生产经济效益等方面的关键核心技术创新研究和应用。加强农业生产不同环节、类型的技术集成与应用,推广适合于不同生产经营规模、有利于促进农村新产业新业态开发的信息化产品应用,综合发挥农业技术效益。

加强农业科技创新平台基地建设。依托国家农业高新技术产业示范区、国家农业科技园区等创新平台基地建设。积极培育国际领先的农业高新技术企业,形成具有国际竞争力的农业高新技术产业。鼓励科技创新联盟建设,支持农业高新技术企业建立高水平研发机构,利用现有资源建设农业领域国家技术创新中心,加强重大共性关键技术和产品研发与应用示范。建设农业科技资源开放共享与服务平台,充分发挥重要公共科技资源优势,推动面向科技界的开放共享,整合和完善科技资源共享服务平台。

(三)完善农业科技推广服务

加强科研创新平台建设,完善农业科技服务网络,进一步发展壮大科技特派员和专家服务团队。采取长期稳定的合作方式,深化科研院所与农业龙头企业、新型经营主体合作,着力完善科技推广服务体系,面向农业全产业链配置科技资源,扩大对特色优势农产品覆盖范围。促进优质科技资源向基层下沉,向薄弱地区倾斜,推进农业科技成果转化和技术服务工作。

健全省市县三级科技成果转化工作网络,支持地方大力发展技术交易市场。面向绿色兴农重大需求,加大绿色技术供给,加强集成应用和示范推广。健全基层农业技术推广体系,创新公益性农技推广服务方式,支持各类社会力量参与农技推广,全面实施农技推广服务特聘计划,加强农业重大技术协同推广。

第二节 乡村振兴战略的实施步骤

实行中央统筹、省负总责、市县抓落实的乡村振兴工作机制,坚持党的领导,更好履行各级政府职责,凝聚全社会力量,扎实有序推进乡村振兴。

一、加强组织领导

坚持党总揽全局、协调各方,强化党组织的领导核心作用,提高领导能力和水平,为实现乡村振兴提供坚强保证。

(一)落实各方责任

强化地方各级党委和政府在实施乡村振兴战略中的主体责任,推动各级干部主动担当作为。坚持工业农业一起抓、城市农村一起抓,把农业农村优先发展原则体现到各个方面。坚持乡村振兴重大事项、重要问题、重要工作由党组织讨论决定的机制,落实党政一把手是第一责任人、五级书记抓乡村振兴的工作要求。县委书记要当好乡村振兴"一线总指挥",下大力气抓好"三农"工作。各地区要依照国家规划科学编制乡村振兴地方规划或方案,科学制定配套政策和配置公共资源,明确目标任务,细化实化政策措施,增强可操作性。各部门要各司其职、密切配合，抓紧制定专项规划或指导意见，细化落实并指导地方完成国家规划提出的主要目标任务。建立健全规划实施和工作推进机制，加强政策衔接和工作协调。培养造就一支懂农业、爱农村、爱农民的"三农"工作队伍，带领群众投身乡村振兴伟大事业。

（二）强化法治保障

各级党委和政府要善于运用法治思维和法治方式推进乡村振兴工作，严格执行现行涉农法律法规，在规划编制、项目安排、资金使用、监督管理等方面，提高规范化、制度化、法治化水平。完善乡村振兴法律法规和标准体系，充分发挥立法在乡村振兴中的保障和推动作用。推动各类组织和个人依法依规实施和参与乡村振兴。加强基层执法队伍建设，强化市场监管，规范乡村市场秩序，有效促进社会公平正义，维护人民群众合法权益。

（三）动员社会参与

搭建社会参与平台，加强组织动员，构建政府、市场、社会协同推进的乡村振兴参与机制。创新宣传形式，广泛宣传乡村振兴相关政策和生动实践，营造良好社会氛围。发挥各民主党派、工商联、无党派人士的积极作用，发挥工会、共青团、妇联、科协、残联等群团组织的优势和力量，凝聚乡村振兴强大合力。建立乡村振兴专家决策咨询制度，组织智库加强理论研究。促进乡村振兴国际交流合作，讲好乡村振兴的中国故事，为世界贡献中国智慧和中国方案。

（四）开展评估考核

加强乡村振兴战略规划实施考核监督和激励约束。将规划实施成效纳入地方各级党委和政府及有关部门的年度绩效考评内容，考核结果作为有关领导干部年度考核、选拔任用的重要依据，确保完成各项目标任务。本规划确定的约束性指标以及重大工程、重大项目、重大政策和重要改革任务，要明确责任主体和进度要求，确保质量和效果。加强乡村统计工作，因地制宜建立客观反映乡村振兴进展的指标和统计体系。建立规划实施督促检查机制，适时开展规划中期评估和总结评估。

二、有序实现乡村振兴

充分认识乡村振兴任务的长期性、艰巨性，保持历史耐心，避免超越发展阶段，统筹谋划，典型带动，有序推进，不搞齐步走。

（一）准确聚焦阶段任务

在全面建成小康社会决胜阶段，重点抓好防范化解重大风险、精准脱贫、污染防治三大攻坚战，加快补齐农业现代化短腿和乡村建设短板。在开启全面建设社会主义现代化国家新征程时期，重点加快城乡融合发展制度设计和政策创新，推动城乡公共资源均衡配置和基本公共服务均等化，推进乡村治理体系和治理能力现代化，全面提升农民精神风貌，为乡村振兴这盘大棋布好局。

（二）科学把握节奏力度

合理设定阶段性目标任务和工作重点，分步实施，形成统筹推进的工作机制。加强主体、资源、政策和城乡协同发力，避免代替农民选择，引导农民摒弃"等靠要"思想，激发农村各类主体活力，激活乡村振兴内生动力，形成系统高效的运行机制。立足当前发展阶段，科学评估财政承受能力、集体经济实力和社会资本动力，依法合规谋划乡村振兴筹资渠道，避免负债搞建设，防止刮风搞运动，合理确定乡村基础设施、公共产品、制度保障等供给水平，形成可持续发展的长效机制。

（三）梯次推进乡村振兴

科学把握我国乡村区域差异，尊重并发挥基层首创精神，发掘和总结典型经验,推动不同地区、不同发展阶段的乡村有序实现农业农村现代化。发挥引领区示范作用,东部沿海发达地区、人口净流入城市的郊区、集体经济实力强以及其他具备条件的乡村,在2022年率先基本实现农业农村现代化。推动重点区加速发展,中小城市和小城镇周边以及广大平原、丘陵地区的乡村,涵盖我国大部分村庄,是乡村振兴的主战场,到2035年基本实现农业农村现代化。聚焦攻坚区精准发力,革命老区、民族地区、边疆地区、集中连片特困地区的乡村,到2050年如期实现农业农村现代化。

典型案例 创新设立"乡村运营官"构建"三大体系" 赋能乡村振兴

"能力作风建设年"活动开展以来,河南省鹤壁市淇滨区坚持以"人才引领发展"为目标,创新设立"乡村运营官",激发人才创新创造活力,解决乡村产业发展、村民就业等问题,着力培育一批"懂乡村、会经营、为乡村"的乡村振兴领军人物,建设一批各具运营特色的示范村,为高质量打造乡村振兴"淇滨样板"夯实基础。

突出培训培养,构建科学育才体系。一是"好办法"引人。出台创新人才"回归"政策,在吸引人才、留住人才、使用人才等方面下功夫,聘请大中专毕业生任村级专职信息员,将退休老干部、退役军人和工商企业主等人才,纳入各村"说事评议会""五老协调队",充分调动和发挥本土乡村人才优势,吸引留住农村最有活力和影响力的力量。二是"硬标准"选人。成立由区委组织部、区乡村振兴局、区文旅局等部门组成的专业工作队,全面摸底各行政村自然、文化等资源优势,因村制宜从驻村第一书记、驻村工作队员、致富带头人、外出务工经商返乡人员、本土大中专毕业生等人才资源库中选配"乡村运营官"。三是"好机制"育人。依托鹤壁新农邦学院手机 App 按需"线上学",采取集中培训、考察观摩等形式"线下带",邀请文旅融合、特色农业等"专家教",建立涉农乡镇分管负责同志、第一书记与行政村党支部书记"二帮一"机制,提高乡村运营官发展经济的能力。目前,已举办集中培训班 1 期,290 余名乡村运营人才参加,对通过培训和考试的 220 名学员,统一颁发乡村运营官结业证书。

强化担责尽责,构建管理激励体系。一是网格管理促"合"力。按照乡镇、村、组三级模式,科学划分乡村运营网格,结合"乡村运营官"自身特长、工作性质,相应划分"乡、村、组"网格长、网格员,把任务落实到每一个区域,使结对帮扶更加细致周到,动态掌控更加直观具体,日常管理更加规范有序,形成了覆盖全面、规模合理、分工明确的乡村运营工作新格局。二是明确责任压"动"力。分级对"乡村运营官"的工作职责、任务要求等进行了明确,充分发挥"乡村运营官"在巩固拓展脱贫攻坚成果同乡村振兴有效衔接工作中的主力军作用。三是评比表彰激"活"力。坚持党管人才原则,出台"乡村运营官"常态化管理办法,设立"乡村运营官"专项基金用于发展壮大村集体经济,实行日常考核、半年考核和年度考核,年终评选出"运营模范"进行表彰,并将工作效果作为干部选拔任用、评先奖优、问责追责的重要参考,激励他们更好地投身乡村振兴事业中去。2021 年以来,共提拔重用乡村运营干部 14 名。

激发发展潜能,构建作用发挥体系。一是发展文旅产业促进经济发展。充分发挥资源优势,鼓励"乡村运营官"大力发展农文旅特色旅游,相继建成了以上峪乡桑园、南山、白龙庙、老望岩为中心的"桑园小镇",以岗坡、枣林、野猪泉为中心的"龙岗小镇",以许沟、下庞为中心的"许沟小镇",形成了"一村一品"的旅游产业发展格局,并带动村集体经济发展。目前,全区71个涉贫村年集体经济收入全部达到5万元以上,10万元以上村达到20多个。二是发展龙头企业带动群众增收。在乡村振兴工作中,"乡村运营官"积极创办企业、合作社和产业基地,并带动脱贫群众就近就地就业。目前,"乡村运营官"已经发展饮马泉薯业、鹿场养鹿产业、老望岩羊肚菌产业等龙头企业和产业基地(合作社)17家,带动就业200余人;形成了以牛横岭村林果种植、桑园乡村旅游等特色示范村20多个。三是拓宽销售渠道帮助群众致富。引导"乡村运营官"利用荒山、山沟、狭长地带等闲置土地,积极发展"沟域经济",种植绿豆、黄豆、高钙小米等农特产品,争做农村致富带头人。同时,通过参与电商直播等方式,帮助群众拓宽农特产品销售渠道。据不完全统计,2022年以来,已有60多名"乡村运营官"成为农村致富带头人,累计帮助群众销售各类农特产品达到1亿多元。

资料来源:薛山.鹤壁市淇滨区:创新设立"乡村运营官"构建"三大体系"赋能乡村振兴.淇滨区乡村振兴局,2022-04-01。

第八章 《中华人民共和国乡村振兴促进法》解读

2021年4月29日,《中华人民共和国乡村振兴促进法》(简称《乡村振兴促进法》)由中华人民共和国第十三届全国人民代表大会常务委员会(简称全国人大常委会)第二十八次会议通过,公布后自2021年6月1日起施行。这是我国第一部直接以"乡村振兴"命名的法律,也是一部全面指导和促进乡村振兴的法律。

第一节 《乡村振兴促进法》出台背景和意义

一、出台背景

当前,我国社会的主要矛盾已经转化为人民日益增长的美好生活需要和不平衡不充分的发展之间的矛盾,而这种不平衡不充分在农业农村发展上主要体现为以下方面。

(一)乡村"空心化"和老龄化现象比较普遍

由于市场机制的作用与城乡二元体制的运行惯性的相互影响,农村资源要素向城市集聚,大量人口向城市流动。在广大中西部地区,大量青壮年劳动力外出,农村人口结构发生了很大变化,农业从业人员老龄化现象日益突出。从实际情况来看,现有的农村人口科学文化素质又远远不能适应农业农村发展的需要。

(二) 集体经济薄弱，资金供给不足

根据农业农村部的统计，截至2018年底，全国农村集体资产总额是4.24万亿元（不包括土地等资源性资产），经营收益5万元以上的村19.9万个，占总数的36.5%；集体没有经营收益的"空壳村"19.5万多个，占总数的35.8%；经营收益在5万元以下的村有15.2万个，占总数的27.9%。另外，总体上农村发展水平比较低，自我积累能力有限，加上投融资渠道不畅，资金有效供给不足。

(三) 农村基础设施不完善，公共服务严重滞后

据统计，截至2021年12月大约有3万个行政村没有通宽带，2 000个左右村没有通路通电，超过45%的自然村饮用水没有经过净化处理。全国企业退休人员月均基本养老金2 362元，而农村居民领取的养老金月人均只有117元，还有1.5亿农民游离于基本养老保险之外。城镇的学前教育已经普及，但全国56万个村中只有15.5万所幼儿园。这一状况亟待扭转。

(四) 农民增收难度日益加大

虽然城乡居民收入差距在不断缩小，但农民收入的增加主要不依靠农业农村，而是高度依赖于农业农村之外的城市产业支撑。长期来看，这种增收模式具有不可持续性，由于农村没有坚实的产业支撑，缺乏足够的就业岗位，很容易造成农村的衰落和凋敝。

城乡发展不平衡已经成为制约我国社会主义现代化发展的短板，迫切需要实施乡村振兴战略，缩小城乡区域发展差距和居民基本生活水平差距，实现城乡基本公共服务均等化，促进乡村全面发展。自党的十九大报告提出实施乡村振兴战略以来，2018年中央一号文件提出制定乡村振兴法，把行之有效的乡村振兴政

策法定化，充分发挥立法在乡村振兴中的保障和推动作用。2018年7月，全国人大常委会启动了乡村振兴法的立法程序，制定《乡村振兴促进法》成为立法机关的一项重要工作。

二、重要意义

（一）是实施乡村振兴战略的重要保障

党的十九大以来，习近平总书记对实施乡村振兴战略作出一系列深刻阐述，党中央、国务院采取一系列重大举措推动落实，印发了《中国共产党农村工作条例》，制定了以乡村振兴为主题的中央一号文件，发布了乡村振兴战略规划，召开了全国实施乡村振兴战略工作推进会议，中央政治局就实施乡村振兴战略进行集体学习。《乡村振兴促进法》贯彻落实习近平总书记重要指示要求、党中央关于乡村振兴的重大决策部署，把乡村振兴的目标、原则、任务、要求等转化为法律规范，与中央一号文件、乡村振兴战略规划、《中国共产党农村工作条例》等共同构建了实施乡村振兴战略的"四梁八柱"，而且是"顶梁柱"，进一步夯实了乡村振兴的制度体系，强化了走中国特色社会主义乡村振兴道路的顶层设计，夯实了良法善治的法律基础。

（二）是新阶段做好"三农"工作的重要抓手

脱贫攻坚取得胜利后，"三农"工作重心历史性地转向全面推进乡村振兴，对法治建设的需求也比以往更加迫切，更加需要有效发挥法治对于农业农村高质量发展的支撑作用、对农村改革的引领作用、对乡村治理的保障作用、对政府职能转变的促进作用。从世界范围看，一些发达国家在工业化和城镇化进程中，为了缩小城乡差距，都通过立法的方式加大农业农村发展制度供给，使本国农业农村现代化跟上了国家现代化步伐。制定《乡村振兴促进法》，把实践中行之有效的、可复制可推广的"三农"

第八章 《中华人民共和国乡村振兴促进法》解读

改革发展经验上升为法律规范,进一步保持政策的连续性、稳定性和权威性,举全党全社会之力推进乡村振兴,加快农业农村现代化,为新阶段促进农业高质高效、乡村宜居宜业、农民富裕富足提供有力法治保障。

(三)是农业农村法律制度体系的重要成果

随着全面依法治国方略深入推进,我国农业法律体系逐步完善。党的十八大以来,农业农村部配合全国人大常委会先后出台或修订了《中华人民共和国农村土地承包法》《中华人民共和国土地管理法》《中华人民共和国种子法》《中华人民共和国动物防疫法》《中华人民共和国长江保护法》《中华人民共和国生物安全法》等一批法律。我国农业农村现行法律法规涵盖了农村基本经营制度、农业产业发展和安全、农业支持保护、农业资源环境保护等领域。《乡村振兴促进法》深入贯彻落实习近平法治思想和"三农"工作重要论述,总结提升"三农"法治实践,明确了各级政府及有关部门推进乡村振兴的职责任务,针对乡村产业、人才、文化、生态、组织等振兴中的重点难点问题提出了一系列举措,并对建立考核评价、年度报告、监督检查等制度提出了具体要求,是农业农村法律制度体系完善的重要成果,标志着乡村振兴战略迈入有法可依、依法实施的新阶段。

第二节　《乡村振兴促进法》的主要内容

一、关于保障粮食和重要农产品供给

习近平总书记强调,粮食安全的弦要始终绷得很紧很紧,粮食生产年年要抓紧。新冠疫情以来,世界各国都把粮食安全提高到国家战略安全的高度对待。《乡村振兴促进法》主要从5个方面进行规定。

(一) 把粮食安全战略纳入法治保障

围绕牢牢把住粮食安全主动权,地方各级党委和政府要扛起粮食安全的政治责任,《乡村振兴促进法》中明确,国家实施以我为主、立足国内、确保产能、适度进口、科技支撑的粮食安全战略。坚持藏粮于地、藏粮于技,采取措施不断提高粮食综合生产能力,建设国家粮食安全产业带,确保谷物基本自给、口粮绝对安全。

(二) 为解决"两个要害"提供法律支撑

保障粮食安全,要害是种子和耕地。立足重要农产品种源自主可控的目标,《乡村振兴促进法》明确提出,国家加强农业种质资源保护利用和种质资源库建设,支持育种基础性、前沿性和应用技术研究,实施农作物和畜禽等良种培育、育种关键技术攻关,推进生物种业科技创新,鼓励种业科技成果转化和优良品种推广等。针对耕地这一粮食生产的"命根子",在《中华人民共和国土地管理法》《基本农田保护条例》有关规定的基础上,《乡村振兴促进法》针对近年来耕地非农化、非粮化的问题,进一步对农业内部用地也作了严格规定,明确严格控制耕地转为林地、园地等其他类型农用地;同时,规定国家实行永久基本农田保护制度,建设并保护高标准农田,要求各省(区、市)应当采取措施确保耕地总量不减少、质量有提高,对保障耕地质量提出了新的更高要求。系列制度设计为稳数量、提质量提供了法治保障,实现坚决打赢种业翻身仗,牢牢守住18亿亩耕地红线的目标。

(三) 强化"三保",实现粮食和重要农产品有效供给

"三保"就是保数量、保多样、保质量。保数量就是要用稳产保供的确定性来应对外部环境的不确定性。保多样、保质量是

满足消费者新阶段对丰富多样农产品需求的应有之义。《乡村振兴促进法》规定,国家实行重要农产品保障战略,采取措施优化农业生产力布局,推进农业结构调整,发展优势特色产业,保障粮食和重要农产品有效供给和质量安全,并专门明确,分品种明确保障目标,构建科学合理、安全高效的重要农产品供给保障体系。

(四) 大力发展"三品一标",推进农业高质量发展

2020年底的中央农村工作会议要求,深入推进农业供给侧结构性改革,推动品种培优、品质提升、品牌打造和标准化生产,也就是新"三品一标"。《乡村振兴促进法》对推进"三品一标"、提升农产品的质量效益和竞争力作出明确规定,同时还对农业投入品使用作出限制要求,这既是保障增加优质绿色和特色农产品有效供给的现实需要,也是顺应和满足人民对美好生活新期待的具体行动。

(五) 对节粮减损作出安排

粮食节约是保障国家粮食安全的重要途径。《乡村振兴促进法》规定,国家完善粮食加工、储存、运输标准,提高粮食加工出品率和利用率,推动节粮减损,通过一手抓立法修规,一手抓标准体系共同推进产业节粮减损,用科技、法治、引导等手段推动粮食全产业链各个环节减损,与《中华人民共和国反食品浪费法》进行衔接,遏制"舌尖上的浪费",共同推动全社会形成节约粮食、反对浪费的法治氛围。

二、关于乡村建设行动

党的十九届五中全会明确提出要实施乡村建设行动,"十四五"规划纲要作出专章部署,2021年的政府工作报告也予以突出强调。《乡村振兴促进法》主要从4个方面作出了安排。

(一) 依法编制村庄规划，分类有序推进村庄建设

乡村建设必须在充分尊重农民意愿上，真正做到"为农民而建"。《乡村振兴促进法》明确提出，要坚持因地制宜、规划先行、循序渐进，顺应村庄发展规律，按照方便群众生产生活、保持乡村功能和特色的原则，因地制宜安排村庄布局，依法编制村庄规划，分类有序推进村庄建设。与此同时，《乡村振兴促进法》强调严格贯彻村民自治的要求，针对个别地方合村并居中损害农民利益的现象，要严格规范村庄撤并，严禁违背农民意愿、违反法定程序撤并村庄，与《中华人民共和国村民委员会组织法》等法律法规一起，构建依法保障村民在村庄建设中民主决策、民主管理权利的制度体系。

(二) 推动城乡基础设施互联互通

主要是基础设施建设。《乡村振兴促进法》明确提出，地方政府要统筹规划、建设、管护城乡道路、垃圾污水处理、消防减灾等公共基础设施和新型基础设施，推动城乡基础设施互联互通。建立政府、村级组织、企业、农民各方参与的共建共管共享机制，全面改善农村水、电、路、气、房、讯等设施条件，推动公共基础设施往村覆盖、向户延伸，既有利于生活方便，又有利于生产条件改善。

(三) 健全农村基本公共服务体系

主要是强化公共服务功能和县域综合服务能力，提升城乡公共服务均等化水平。《乡村振兴促进法》明确提出，国家发展农村社会事业，促进公共教育、医疗卫生、社会保障等资源向农村倾斜；健全乡村便民服务体系，培育服务机构与服务类社会组织，增强生产生活服务功能；完善城乡统筹的社会保障制度，支持乡村提高社会保障管理服务水平，同时还要提高农村特困人员供养等社会救助水平，支持发展农村普惠型养老服务和互助型养

老等。

（四）保护传统村落

传统村落是乡土文化的缩影，是农业文化遗产和非物质文化遗产的重要载体。《乡村振兴促进法》对加强传统村落等保护作了专门规定，明确地方政府应当加强对历史文化名城名镇名村、传统村落和乡村风貌、少数民族特色村寨的保护，开展保护状况监测和评估，采取措施防御和减轻火灾、洪水、地震等灾害，鼓励农村住房设计体现地域、民族和乡土特色等，为乡村振兴中传统村落和文化的保护提供法治保障。

三、关于发展乡村产业

习近平总书记强调，产业兴旺是解决农村一切问题的前提。乡村产业根植于县域，以农业农村资源为依托，以农民为主体，以农村一二三产业融合发展为路径，地域特色鲜明、创业创新活跃、业态类型丰富、利益联结紧密，是提升农业、繁荣农村、富裕农民的产业。《乡村振兴促进法》对发展乡村产业作了较详细的规定，主要体现在以下5个方面。

（一）以农民为主体发展多形态特色的乡村产业

《乡村振兴促进法》对乡村产业的特点作了原则性规定，明确要坚持以农民为主体，以乡村优势特色资源为依托，促进农村一二三产业融合发展。培育新型农业经营主体，促进小农户和现代农业发展有机衔接，强调各级政府应当支持特色农业、休闲农业、现代农产品加工业等发展，支持特色农产品优势区、现代农业产业园等的建设；同时规定发展乡村产业应当符合国土空间规划和产业政策、环境保护的要求，推动乡村产业依法有序、健康可持续发展，创造更多就业增收机会。

（二）发展壮大农村集体经济

集体所有制经济是中国特有的经济形态，农村集体产权制度是具有中国特色的制度安排，是实现农民农村共同富裕的制度基础。《乡村振兴促进法》规定，国家完善农村集体产权制度，增强农村集体所有制经济发展活力，促进集体资产保值增值，确保农民受益。强调各级政府应当引导和支持农村集体经济组织发挥依法管理集体资产、合理开发集体资源、服务集体成员等方面的作用，保障农村集体经济组织的独立运营，将促进集体经济组织依法做优做强，更好地服务本集体及其成员，对推动农村改革发展、完善农村治理、保障农民权益具有重要意义。

（三）促进一二三产业融合发展

这是新时代做好"三农"工作的重要任务，不仅事关农村产业发展和农民增收，而且会在更深层次上对整个国民经济发展中的要素流动、产业集聚、市场形态乃至城乡格局产生积极影响，为经济社会健康发展注入新动能。《乡村振兴促进法》对促进农村一二三产业融合发展作出规定，明确要引导新型经营主体通过特色化、专业化经营，合理配置生产要素，促进乡村产业深度融合，推动建立现代农业产业体系、生产体系和经营体系，培育新产业、新业态、新模式，实现乡村产业高质量发展壮大。

（四）加强农业技术创新和科技推广

"十三五"时期，农业科技进步贡献率超过60%，比1996年的15.5%提高了44.5个百分点，农作物良种覆盖率稳定在96%以上，耕种收综合机械化率达到71%，但面临的挑战依然严峻，不少难题还需要抓紧破解。《乡村振兴促进法》规定，支持育种基础性、前沿性和应用技术研究，实施关键技术攻关；构建以企业为主体、产学研协同的创新机制，健全产权保护制度，保障对农业科技基础性、公益性研究的投入；加强农业技术推广体系建设，促进建立有利于农业科技成果转化推广的激励机制和利益分享机制，将极大促进农业技术创新和推广。

(五) 构建农民收入稳定增长机制

农业农村工作,说一千道一万,增加农民收入是关键。《乡村振兴促进法》明确规定,支持农民、返乡人员在乡村创业创新,促进农民就业;建立健全有利于农民收入稳定增长的机制,鼓励支持农民拓宽增收渠道,促进农民增加收入、支持农村集体经济组织发展,保障成员从集体经营收入中获得收益分配的权利;支持以多种方式与农民建立紧密型利益联结机制,让农民共享全产业链增值收益。通过构建农民增收长效机制,增强农民风险抵御能力,夯实农民就业和持续增收的基础。

四、关于乡村人才支撑

2021年初,中共中央办公厅、国务院办公厅印发《关于加快推进乡村人才振兴的意见》,明确了推进乡村人才振兴的目标任务。《乡村振兴促进法》设立专章规定了乡村人才振兴的法律制度,从以下5个方面对乡村人才振兴进行规定。

(一) 健全乡村人才体制机制

解决乡村人才短缺问题,需要从两个方面着手,既要培养留得住、用得上的本土人才,又要采取措施引导城市人才下乡,打通城乡人才培养交流通道,吸引各类人才投身乡村建设,推动乡村人才振兴。《乡村振兴促进法》提出,应健全乡村人才工作体制机制,培养本土人才,引导城市人才下乡,推动专业人才服务乡村,搭建社会工作和乡村建设志愿服务平台,支持和引导各类人才通过多种方式服务乡村振兴,为促进农业农村人才队伍建设指明了方向。

(二) 分类培育农村人才

乡村人才振兴需要瞄准乡村人才结构短板,全面培育农村教育、医疗、科技、文化、经营管理等方面的人才。《乡村振兴促进法》明确要加强农村教育工作统筹,持续改善农村学校办学条件,支持开展网络远程教育,保障和改善乡村教师待遇,提高乡村教师学历水平、整体素质和乡村教育现代化水平。同时,针对乡村医疗卫生人员的职业发展、待遇,以及建立医疗人才服务乡村的工作机制等方面作出了明确规定。此外,《乡村振兴促进法》还提出,应培育农业科技人才、经营管理人才、法律服务人才、社会工作人才,加强乡村文化人才队伍建设,培育乡村文化骨干力量,有利于提高农村人才整体素质。

(三) 促进农业人才流动机制

城乡、区域、校地之间的人才流动可以为乡村发展带去资金、技术、信息等急需资源。《乡村振兴促进法》提出,应建立健全城乡、区域、校地之间人才培养合作与交流机制,建立鼓励各类人才参与乡村建设的激励机制,搭建社会工作和乡村建设志愿服务平台,为返乡入乡人员和各类人才提供必要的生产生活服务和相关福利待遇,鼓励高等学校、职业学校毕业生到农村就业创业,为加强农业人才交流提供了有力保障。

(四) 大力培养高素质农民

培育高素质农民是促进乡村人才振兴、破解"谁来种地"困境、加快农业科学化和现代化转型、保障国家粮食安全的重要举措。《乡村振兴促进法》提出,应加大农村专业人才培养力度,加强职业教育和继续教育,组织开展农业技能培训、返乡创业就业培训和职业技能培训,为培养有文化、懂技术、善经营、会管理的高素质农民和农村实用人才、创新创业带头人提供了法治保障。

(五) 加快培育新型农业经营主体

加快培育新型农业经营主体,加快形成以农户家庭经营为基础、合作与联合为纽带、社会化服务为支撑的立体式复合型现代农业经营体系,对于推进农业供给侧结构性改革、引领农业适度规模经营发展、带动农民就业增收、增强农业农村发展新动能具有十分重要的意义。《乡村振兴促进法》提出,应引导新型农业经营主体通过特色化、专业化经营,合理配置生产要素,促进乡村产业深度融合,为新型农业经营主体健康发展提供保障。

五、关于传承农村优秀传统文化

习近平总书记指出,文化自信,是更基础、更广泛、更深厚的自信。中华文明根植于农耕文化,乡村是中华文明的基本载体。《乡村振兴促进法》从以下3个方面进行了具体规定。

(一)加强农村社会主义精神文明建设

实施乡村振兴战略要物质文明和精神文明一起抓。乡风文明不仅是乡村振兴的重要内容,更是服务乡村全面振兴的有力保障。《乡村振兴促进法》要求各级人民政府应当组织开展新时代文明实践活动,加强农村精神文明建设,不断提高乡村社会文明程度,倡导科学健康的生产生活方式,普及科学知识,推进移风易俗,培育文明乡风、良好家风、淳朴民风,建设文明乡村。

(二)丰富乡村文化生活

这是满足广大农民群众多方面、多层次精神文化产品需求,也加快推进城乡公共文化服务均等化,不断满足广大农民群众文化的现实要求。《乡村振兴促进法》提出,应丰富农民文化体育生活,倡导科学健康的生产生活方式,健全完善乡村公共文化体育设施网络和服务运行机制,鼓励开展形式多样的农民群众性文化体育、节日民俗等活动,支持农业农村农民题材文艺创作,拓展乡村文化服务渠道,为农民提供便利可及的公共文化服务。

(三)传承农耕文化

农耕文化承载着中华民族的历史记忆、生产生活智慧、文化艺术结晶和民族地域特色，维系着中华文明的根，寄托着中华各族儿女的乡愁，是极其宝贵的文化资源。《乡村振兴促进法》提出，应保护农业文化遗产和非物质文化遗产，挖掘优秀农业文化深厚内涵，弘扬红色文化，保护和传承好农耕文化，能让美好乡愁世世代代传承下去。

六、关于加强农村生态环境保护

农业是个生态产业，农村是生态系统的重要一环。良好生态环境是最公平的公共产品，是最普惠的民生福祉，是乡村发展的宝贵财富和最大优势。《乡村振兴促进法》从以下3个方面提出了具体要求。

（一）落实国家生态保护政策

党的十九大报告指出，加快生态文明体制改革，建设美丽中国。《乡村振兴促进法》提出，应健全重要生态系统保护制度和生态保护补偿机制，实施重要生态系统保护和修复工程，加强乡村生态保护和环境治理，绿化美化乡村环境，建设美丽乡村；实行耕地养护、修复、休耕和草原森林河流湖泊休养生息制度，将国家生态保护政策制度化、法定化，是落实国家生态文明建设部署的重要体现。

（二）治理农业面源污染

"十三五"期间，农业面源污染治理取得一定的成效，畜禽粪污综合利用率超过75%，农作物化肥农药施用量连续4年负增长。目前，治理农业面源污染还处在治存量、遏增量的关口。《乡村振兴促进法》提出，应推进农业投入品减量化、生产清洁化、废弃物资源化、产业模式生态化，推进农业投入品包装废弃物回收处理和农作物秸秆、畜禽粪污资源化利用，对超剂量、超范围使用农药、肥料等作出禁止性要求，为实现农业面源污染治理主要目标,提升农业绿色发展水平提供了法律保障。

(三)改善农村人居环境

这是实施乡村振兴战略的一场硬仗,事关全面建成小康社会,事关广大农民福祉,事关农村社会文明和谐。目前城乡环境治理水平差距依然较大,垃圾围村、污水横流、粪污遍地等"脏乱差"现象在部分地区还比较突出。《乡村振兴促进法》规定,实施国土综合整治和生态修复,加强森林、草原、湿地等保护修复,开展荒漠化、石漠化、水土流失综合治理,持续改善乡村生态环境,承载着亿万农民群众对美好生活向往的需求。

七、关于加强基层组织和乡村社会治理体系建设

习近平总书记指出,要夯实乡村治理这个根基。2019年,中共中央办公厅、国务院办公厅印发《关于加强和改进乡村治理的指导意见》,提出到2035年乡村公共服务、公共管理、公共安全保障水平显著提高,党组织领导的自治、法治、德治相结合的乡村治理体系更加完善,乡村社会治理有效、充满活力、和谐有序,乡村治理体系和治理能力基本实现现代化。《乡村振兴促进法》从以下5个方面进行了部署。

(一)完善乡村社会治理体制和治理体系

这是乡村经济社会发展的必然要求,更是推进国家治理体系和治理能力现代化的重要方面。《乡村振兴促进法》规定,建立健全党委领导、政府负责、民主协商、社会协同、公众参与、法治保障、科技支撑的现代乡村社会治理体制和自治、法治、德治相结合的乡村社会治理体系,建设充满活力、和谐有序的善治乡村。首次以法律的形式确定建设"三治结合"的乡村治理体系,为完善乡村社会治理体制和治理体系提供了法律依据。

(二)加强基层组织建设

组织振兴是乡村振兴的根本和保障。乡村振兴各项政策,最

终还要靠农村基层组织来落实。《乡村振兴促进法》规定,中国共产党农村基层组织,按照中国共产党章程和有关规定发挥全面领导作用,同时强调要加强乡镇、村"两委"组织和能力建设,也包括农村社会组织、基层群团组织建设,发挥在团结群众、联系群众、服务群众等方面的作用,构建简约高效的基层管理体制,科学设置乡镇机构,健全农村基层服务体系等,夯实乡村治理基础。

(三) 充分发挥村民自治作用

村民自治是维系乡村秩序的稳定器,村民委员会是村民自我管理、自我教育、自我服务的基层群众性自治组织。《乡村振兴促进法》明确提出,村民委员会、农村集体经济组织等应当在乡镇党委和村党组织的领导下,实行村民自治,维护农民合法权益并接受村民监督。同时,对乡镇人民政府指导支持农村基层群众性自治组织规范化、制度化建设,健全村民委员会民主决策机制和村务公开制度等作出规定,完善农村基层群众自治制度,增强村民自我管理、自我教育、自我服务、自我监督能力。

(四) 培养"一懂两爱"的农村干部队伍

建设一支政治过硬、本领过硬、作风过硬的乡村振兴干部队伍,既是中央部署的工作要求,也是基层实践的迫切需要。《乡村振兴促进法》规定,建立健全农业农村工作干部队伍的培养、配备、使用、管理机制,选拔优秀干部充实到农业农村工作干部队伍,采取措施提高农业农村工作干部队伍的能力和水平,落实农村基层干部相关待遇保障,为建设懂农业、爱农村、爱农民的农业农村工作干部队伍作出了具体的制度安排。

(五) 健全矛盾纠纷调解机制

习近平总书记多次强调,要学习和推广"枫桥经验",重视化解农村社会矛盾,确保农村社会稳定有序。《乡村振兴促进法》对地方各级政府加强基层执法队伍建设,开展法治宣传教育和人民调解、健全乡村矛盾纠纷调处化解机制、推进法治乡村建设作出规定,为坚持和发展新时代"枫桥经验",健全乡村矛盾纠纷化解和平安建设机制,将矛盾化解在基层,实现"小事不出村、大事不出乡"提供了重要机制保障。

八、关于城乡融合发展

乡村振兴要跳出乡村看乡村,必须走城乡融合发展道路。实现城乡融合发展是全面建设社会主义现代化国家的重要内容,也是实施乡村振兴战略的一项重大任务。党的十九大对建立健全城乡融合发展体制机制和政策体系作出重大决策部署。《乡村振兴促进法》设立专章,从以下 5 个方面规定了城乡融合发展的重点任务。

(一)以县域为着力点

城乡融合发展,县域是重要切入点和主要载体,也最有条件推进城乡基础设施和公共服务一体化建设发展。《乡村振兴促进法》围绕破除城乡融合发展的体制机制障碍,推动公共资源在县域内实现优化配置,赋予县级更多资源整合使用的自主权,强化县城综合服务能力,对加快县域城乡融合发展作出规定,为各级政府整体筹划、一体设计、一并推进城镇和乡村发展,优化城乡产业发展、基础设施、公共服务设施等布局划出了重点。

(二)科学有序统筹发展空间

《乡村振兴促进法》规定,要协同推进乡村振兴战略和新型城镇化战略的实施,整体筹划城镇和乡村发展,强调要科学有序统筹安排生态、农业、城镇等功能空间,按照中共中央办公厅、国务院办公厅《关于在国土空间规划中统筹划定落实三条控制线的指导意见》,严格生态保护红线、永久基本农田和城镇开发边界划定,推动城乡平等交换、双向流动,增强农业农村发展活力,促进农业高质高效、乡村宜居宜业、农民富裕富足。

(三) 鼓励社会资本下乡与农民利益联结

乡村振兴离不开社会资本的投入。《乡村振兴促进法》明确提出,国家鼓励社会资本到乡村发展与农民利益联结型项目,鼓励城市居民到乡村旅游、休闲度假、养生养老等,同时对社会资本的投资和经营行为也作出了限制,规定不得破坏乡村生态环境,不得损害农村集体经济组织及其成员的合法权益,在明确鼓励方向、更好满足乡村振兴多样化投融资需求的同时,划出了社会资本投资的制度红线。农业农村部、国家乡村振兴局及时修订发布了《社会资本投资农业农村指引(2021年)》,明确了现代种养业、乡村富民产业等13个鼓励投资的重点领域,引导社会资本投入乡村产业。

(四) 促进乡村经济多元化和农业全产业链发展

农村产业融合发展是基于技术创新或制度创新形成的产业边界模糊化和产业发展一体化现象,通过形成新技术、新业态、新商业模式,带动资源、要素、技术、市场需求在农村的整合集成和优化重组。《乡村振兴促进法》规定,应当采取措施促进城乡产业协同发展,在保障农民主体地位的基础上健全联农带农激励机制,加快形成乡村振兴多元参与格局,实现乡村经济多元化和农业全产业链发展。

(五) 农民工就业与权益保障

农民工就业创业事关就业大局稳定、农民增收和脱贫攻坚成果巩固拓展。《乡村振兴促进法》对农民工就业和权益保障作出了全方位制度安排,明确国家推动形成平等竞争、规范有序、城乡统一的人力资源市场,健全城乡均等的公共就业创业服务制度,强调各级人民政府及其有关部门应当全面落实城乡劳动者平等就业、同工同酬,依法保障农民工工资支付和社会保障权益。

第八章 《中华人民共和国乡村振兴促进法》解读

同时，规定县级以上地方人民政府应当采取措施促进在城镇稳定就业和生活的农民自愿有序进城落户，推进城镇基本公共服务全覆盖。通过与《保障农民工工资支付条例》等相衔接，顺应农民进城务工的大趋势，加强权益维护和服务保障，解除农民工进城就业"后顾之忧"，用法治提升农民工群体获得感、幸福感、安全感。

九、关于扶持政策措施

加强对农业农村的支持保护，既是现代农业发展的必然要求，也是世界各国的通行做法和基本经验。《乡村振兴促进法》从以下5个方面明确了关于扶持政策措施的主要内容。

（一）健全农业支持保护制度

实施乡村振兴战略，必须解决钱从哪里来的问题，加大资金投入特别是财政支持保障。《乡村振兴促进法》规定，国家建立健全农业支持保护体系和实施乡村振兴战略财政投入保障制度，按照增加总量、优化存量、提高效能的原则，构建以高质量绿色发展为导向的新型农业补贴政策体系；强调县级以上人民政府应当优先保障用于乡村振兴的财政投入，确保投入力度不断增强、总量持续增加。尽管没有对投入总量进行具体量化，但在定性上强调了财政投入要与乡村振兴目标任务相适应，提出了乡村振兴财政支撑保障的基本要求，有利于在法律框架下构建体现农业农村优先发展、覆盖全面、指向明确、重点突出、措施配套的农业支持保护制度。

（二）强化金融资本支持

2019年，中国人民银行等五部门联合印发《关于金融服务乡村振兴的指导意见》，强调要聚焦重点领域，建立完善金融服务乡村振兴的市场体系、组织体系、产品体系，促进农村金融资源回流。《乡村振兴促进法》就改进、加强乡村振兴的金融支持和服务作出规定，明确国家建立健全多层次、广覆盖、可持续的农村金融服务体系，健全多层次资本市场，发展并规范债券市场，完善政策性农业保险制度和金融支持乡村振兴考核评估机制，进一步强化财政出资设立的农业信贷担保机构、政策性金融机构、商业银行、农村中小金融机构、保险机构等各类主体服务乡村振兴责任，将依法推动金融保险机构将更多资源配置到乡村发展的重点领域和薄弱环节。

（三）调整完善土地出让收入使用范围

针对土地出让收入用于农业农村的比例偏低问题，近几年的中央一号文件对调整完善土地出让收入使用范围、提高用于农业农村比例提出要求，2020年中央印发《关于调整完善土地出让收入使用范围优先支持乡村振兴的意见》进一步明确"十四五"期末各省（区、市）土地出让收益用于农业农村的比例要达到50%以上。《乡村振兴促进法》将"按照国家有关规定调整完善土地使用权出让收入使用范围，提高农业农村投入比例"等固定下来，对高标准农田建设、现代种业提升、农村人居环境整治等土地出让收入重点使用领域作出详细规定，为确保土地出让收入取之于农、主要用之于农，增强用于支持乡村振兴提供了长效制度保障。

（四）保障乡村振兴用地合理需求

农村土地问题既关系到乡村的产业发展，也关系到构建城乡一体的土地制度，关系到农村公共事业的发展。《乡村振兴促进法》对盘活农村存量建设用地、激活农村土地资源作出安排，明确要完善农村新增建设用地保障机制，满足乡村产业、公共服务设施和农民住宅用地合理需求；规定建设用地指标应当向乡村发展倾斜，县域内新增耕地指标应当优先用于折抵乡村产业发展所

第八章 《中华人民共和国乡村振兴促进法》解读

需建设用地指标,并可以探索灵活多样的供地新方式。同时,与土地管理法等相关法律进行衔接,在明确土地所有权人可以依法通过出让、出租等方式将集体经营性建设用地交由单位或者个人使用的基础上,增加了优先用于发展集体所有制经济和乡村产业的规定,对优化配置土地资源要素、保障乡村振兴用地合理需求提供了法律依据。

(五)巩固拓展脱贫攻坚成果同乡村振兴有效衔接

脱贫摘帽是新生活、新奋斗的起点,毫不松懈抓好巩固拓展脱贫攻坚成果这个首要任务,关系到构建以国内大循环为主体、国内国际双循环相互促进的新发展格局,关系到全面建设社会主义现代化国家全局和实现第二个百年奋斗目标。《乡村振兴促进法》规定,要做好巩固拓展脱贫攻坚成果同乡村振兴有效衔接,同时强调各级政府应当采取措施增强脱贫地区内生发展能力,建立农村低收入人口、欠发达地区帮扶长效机制,建立健全易返贫致贫人口动态监测预警和帮扶机制,为实现由集中资源支持脱贫攻坚向全面推进乡村振兴平稳过渡提供了制度保障。

十、关于监督检查

乡村振兴是一项复杂的系统工程,在发挥农民主体作用,鼓励社会各方力量积极参与的同时,要充分发挥政府的主导作用。在《乡村振兴促进法》中设立监督检查专章,有利于为全面实施乡村振兴战略提供有力的法治保障。

(一)建立健全目标责任制和考核评价机制

《乡村振兴促进法》第六十八条规定,国家实行乡村振兴战略实施目标责任制和考核评价制度,上级人民政府应当对下级人民政府实施乡村振兴战略的目标完成情况等进行考核,考核结果作为地方人民政府及其负责人综合考核评价的重要内容。实践中,地方党委和人民政府承担促进乡村振兴的主体责任,县级以上地方人民政府应当以适当方式考核下级人民政府及其负责人完成乡村振兴目标的情况,将考核的结果作为综合考核的一项内容,纳入日常的政府工作中来,并且在推进乡村振兴过程中建立科学的目标责任制和考核评价体系,通过任务层层分解和考核督查问责,提高各级党委和政府的重视程度,减少不作为和慢作为,同时防止个别地区在推进过程中出现一刀切、乱作为等情况。

(二) 完善进展情况评估制度

《乡村振兴促进法》要求国务院和省、自治区、直辖市人民政府有关部门建立反映乡村振兴进展的指标和统计体系,县级以上地方人民政府应当对本行政区域内乡村振兴战略实施情况进行评估,可以有效贯彻落实法律规定的各项具体工作,通过指数这一科学手段绘制乡村振兴蓝图,用以测度乡村振兴工作的进展程度以及发展水平,以发挥其"指挥棒"的作用。

(三) 实施报告制度和监督检查制度

请示报告制度是加强党和政府政治建设的重要制度措施,既是重要的政治纪律、组织纪律、工作纪律,也是重要的政治制度、组织制度、工作制度。《中华人民共和国地方各级人民代表大会和地方各级人民政府组织法》规定,县级以上的地方各级人民政府领导所属各工作部门和下级人民政府的工作,地方各级人民政府对本级人民代表大会和上一级国家行政机关负责并报告工作。《乡村振兴促进法》规定县级以上人民政府发展改革、财政、农业农村、审计等部门按照各自职责对农业农村投入优先保障机制落实情况、乡村振兴资金使用情况和绩效等实施监督,各级政府统筹各部门乡村振兴工作,向人大和上级政府报告乡村振

第八章 《中华人民共和国乡村振兴促进法》解读

兴促进工作的具体情况,对下级政府工作开展情况进行考核并开展监督检查,对不履职和不能正确履职的政府及有关部门的工作人员依法追究责任。这既是贯彻落实《中华人民共和国宪法》和相关法律的重要内容,也是乡村振兴工作顺利开展、严格责任落实、强化责任担当的重要组织保障。

第三节 《乡村振兴促进法》的落实举措

一、加强学习宣传,强化法治思维

各级农业农村部门要把学习宣传贯彻《乡村振兴促进法》作为当前最重要的普法任务抓紧抓好,纳入部门"八五"普法规划,明确目标原则,突出重点任务,抓好组织实施,确保取得实效。认真贯彻落实"谁执法谁普法"的普法责任制,将《乡村振兴促进法》列入普法责任清单,广泛开展法治宣传,强化以案释法,用生动直观的形式推动农民群众自觉尊法学法守法用法。注重加强对党员干部的法治宣传教育,将《乡村振兴促进法》列入党委(党组)理论学习中心组学习重点内容,作为干部职工学法用法的重要内容和必修课程,增强运用法治思维和法治方式全面推进乡村振兴的能力。丰富《乡村振兴促进法》学习宣传方式,通过召开贯彻实施座谈会、编制辅导读本、组织专家解读、举办专题培训、制作宣传短视频、创作文艺作品等形式,推动干部群众深入理解《乡村振兴促进法》的核心要义和精神实质,准确把握《乡村振兴促进法》的规定要求和各项措施。加强传统媒体和新媒体的深度融合,利用报刊、电视、广播和网站等渠道,对《乡村振兴促进法》进行全方位、多层次、立体式宣传,为全面推进乡村振兴、加快农业农村现代化营造良好的法治氛围。

二、强化配套制度，落细落实任务

"十四五"农业农村有关规划、政策和改革方案要贯彻《乡村振兴促进法》的规定和要求，要建立健全配套制度，加强粮食安全、种业和耕地、农业产业发展、农村基本经营制度、农业资源环境保护、农产品质量安全等重点领域立法，不断完善以《乡村振兴促进法》为统领，相关法律、法规、规划和政策文件为支撑的乡村振兴法律制度体系。要结合乡村振兴战略实施，因地制宜加快有关农业农村方面的特色立法，发挥实施性、补充性、探索性作用，配套制定乡村振兴方面的地方性法规、规章，将法律确定的重要原则和要求等转化为可操作、能考核、能落地的具体制度措施。要贯彻新发展理念，坚持科学立法、民主立法、依法立法，增强针对性、有效性、系统性，确保法律制度实用、管用、好用。

三、统筹协调，形成促进合力

《乡村振兴促进法》明确国家建立健全乡村振兴工作机制。要建立乡村振兴考核评价制度、工作年度报告制度和监督检查制度，推动建立客观反映乡村振兴进展的指标和统计体系。同时相关部门要加强协作配合，依法全面认真履行法定职责，树牢法治思维，围绕《乡村振兴促进法》确定的重要原则、重大战略、重要制度，建立健全配套的政策体系、工作体系、责任体系，严格按照《乡村振兴促进法》中产业发展、人才支撑、文化传承、生态保护、组织建设、城乡融合、扶持措施等要求，抓好规划统筹、实施指导、协调督促、考核评价等重点任务落实，形成推动乡村振兴的强大合力。

第八章 《中华人民共和国乡村振兴促进法》解读

典型案例 探索乡村振兴新路径 续写乡村振兴新篇章

从脱贫攻坚取得全面胜利到全面推进乡村振兴,近年来,甘肃省临夏回族自治州(简称临夏州)广大干部群众坚定信心、攻坚克难,持续推进新时代"三农"水平高质量发展。如今,在广袤的河州大地上,乡村道路四通八达,特色产业生机盎然,旅游禀赋深度挖掘……全州上下正在以更加昂扬的姿态,续写乡村振兴新篇章。

东乡县唐汪镇马巷村是全省乡村建设示范村,全村共有4个社171户825人。近几年,该村大力补齐基础设施短板,全面实施村社道路硬化、道路改造提升项目,硬化率达100%;累计危房改造54户,住房条件大幅度提升;自来水入户实现全覆盖,水源稳定、水质达标……硬件设施的改善让群众的获得感、幸福感和满意度有了大幅提升。

东乡县马巷村村民马维荣说:"这两年村里的路都修好了,我们出行特别方便,通过政府资助我们的房子也修好了,家里天然气通了,烧水做饭特别容易,生活越来越好。"

在实施村容环境整治的同时,马巷村借助"十里杏花"长廊的知名度和美誉度,充分发挥"唐汪大接杏"的品牌优势,实现了特色杏林种植、民俗采摘体验、乡村旅游发展的深度融合。如今,搭载着乡村旅游致富快车,不少村民选择返乡创业,在家门口办起农家乐,现在他们的生意红红火火,创业致富的路越走越宽阔。

东乡县马巷村农家乐(杏花驿站)负责人马如宝说:"以前我在外面开饭馆,后来我们村的旅游业发展起来了。在政府的支持下,我回家贷款开起了农家乐,尤其是杏花节、杏子采摘节这两个节日游客特别多,一天平均能挣三四千块钱,一年下来预计能收入四五万块钱。"

近年来,马巷村抢抓全面实施乡村振兴战略机遇,以实现"产业旺、农民富、农村美"为目标,紧紧围绕组织、产业、生态、文化、人才"五大振兴"做文章,描绘充满希望的乡村发展蓝图。

东乡县唐汪镇马巷村党支部书记村委会主任马维俊:"我们坚持把就业创业作为农民增收的主渠道,带动群众参与乡村旅游业,打造地域特色农产品品牌。同时,充分发挥基层党建引领作用,在马巷村实施了改扩翻、旱厕改造、基础设施建设、美化绿化等项目,有效改善群众居住环境,着力打造'高颜值'美丽乡村。"

东乡县唐汪镇党委副书记代镇长张翼萍说:"下一步,我们将抢抓机遇,以马巷村为模板积极创建乡村振兴示范村,以增加农民收入为核心,以发展产业、壮大村级集体经济为突破口,以推进农村环境综合整治为着力点,全面推进乡村振兴战略实施步伐,切实推动农业提质增效、农村文明进步、农民增收致富。"

马巷村只是临夏州实施乡村振兴战略的一个缩影,放眼临夏大地,临夏州农村面貌发生了翻天覆地的变化,为推进乡村振兴奠定了坚实基础。

新起点、新征程、新作为,乡村振兴新画卷正在临夏州尽情绽放。临夏儿女将重整行装,踏上新的赶考路,加快促进农业高质高效、乡村宜居宜业、农民富裕富足,奋力谱写乡村振兴新篇章!

资料来源:马茜,祁俊宏.探索乡村振兴新路径 续写乡村振兴新篇章.人民网,2022-04-19。

参考文献

白雪秋,聂志红,黄俊立,2018.乡村振兴与中国特色城乡融合发展 [M].北京:国家行政学院出版社.

丛书编写组,2020.深入实施乡村振兴战略 [M].北京:中国计划出版社,中国市场出版社.

韩一军,赵霞,2021.乡村振兴政策与实践 [M].北京:中国农业出版社.

黄鹂,2013.绿色农业发展简论 [M].武汉:湖北人民出版社.

刘汉成,2019.乡村振兴战略的理论与实践 [M].北京:中国经济出版社.

马华,马池春,2018.乡村振兴战略的逻辑体系及其时代意义 [EB/OL].(2018-01-26).http://www.rmlt.com.cn/2018/0126/509906.shtml.

张俊飚,2022.乡村生态振兴可行性路径探析 [EB/OL].(2022-05-30).https://m.sohu.com/a/552636759_121372103/.

张勇,2018.乡村振兴战略规划(2018—2022年)辅导读本 [M].北京:中国计划出版社.

赵超,2021.乡村产业振兴的困境与实现路径 [J].当代县域经济(11):8-15.

中国扶贫发展中心,全国扶贫宣传教育中心,2020.脱贫攻坚与乡村振兴衔接:组织 [M].北京:人民出版社.